Deepen Your Mind

Deepen Your Mind

序

　　在今天這個數位時代，網路安全已經變得越來越重要。網路攻擊者使用各種技術和手段來侵犯個人和企業的網路系統。為了保護自己和公司的資訊安全，了解網路安全和採取必要的措施是必不可少的。

　　WordPress 是一個廣泛使用的內容管理系統，許多人使用它來建立網站。但是，正如任何其他網站一樣，WordPress 網站也面臨著許多安全風險。攻擊者可以使用各種方法來侵入您的 WordPress 網站，例如惡意代碼注入、密碼猜測、SQL 注入等。如果您的網站受到攻擊，可能會導致您的個人資訊外洩、網站崩潰，或甚至是資料被竊取等嚴重後果。

　　對於企業和個人而言，網站是重要的資訊媒介和商業平台，而網站安全問題也關乎到企業和個人的核心利益。本書從實用性和可操作性的角度，為讀者提供了一份全面的、易於理解和實施的 WordPress 網站安全指南。本書的編寫，旨在讓讀者能夠在最短的時間內學習到如何保障 WordPress 網站的安全，並運用所學知識提高網站的安全性。

　　從基本的安全措施開始，例如設置強大的密碼、控制訪問權限和網站安全的檢測和防護等，然後進一步討論如何採取更高級的安全措施，例如防火牆配置和即時安全監測等等。

　　最後，希望讀者們能透過所學到的知識，學習到如何保障 WordPress 網站的安全，對網站安全問題的複雜性和重要性有更加深刻的理解，並運用所學知識更加準確地設置和保護自己的 WordPress 網站。

林建睿

目錄

第 **4** 章
強化本機安全：
避免 WordPress 網站的敏感資料被竊取

第 **5** 章
WordPress 暴力攻擊防護：
創建安全的密碼與雙重驗證

第 **6** 章
檔案保護配置：
WordPress 檔案權限設置，降低安全威脅

第 7 章
限制功能與權限：
部分功能禁止運行，確保 WordPress 安全

第 8 章
資料庫強化：
防止 SQL 注入攻擊，保護敏感數據

第 9 章
安全防護工具：
使用 WordPress 安全配置外掛，防範高級攻擊

第 **10** 章

建立防禦系統：
如何配置 WordPres 防火牆以保護網站

第 **11** 章

WordPress 安全監控：
即時監測網站安全與處理

第 **12** 章

WordPress 安全日誌：
監控安全事件，跟蹤網站安全

第 13 章

防禦 XSS 攻擊：

加入 HTTP Headers，主動防範跨站腳本攻擊

第 14 章

建立安全備份計畫：

WordPress 資料備份，完整還原和保護資料

第 **1** 章

WordPress安全基礎知識：
解決資安問題，強化 WordPress 防護

1-1　為什麼需要 WordPress 網路安全與防駭客的知識？

　　根據 W3Techs 的數據，在所有使用 CMS 內容管理系統的網站中，使用 WordPress 的網站佔了 65.2%，其次才是市場占有率為 6.6% 的 Shopify，以及 Wix（2.8%）、Squarespace（2.7%）和 Joomla（2.6%），但所佔的市場占有率與 WordPress 相距甚大。

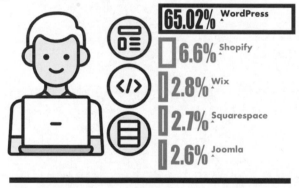

▲　各大內容管理系統的市場占有率　資料來源：W3Techs 網站，2022 年

　　也由於 WordPress 擁有龐大的用戶群，因此容易成為駭客的主要目標之一。但這些數據並不意味著 WordPress 比其他平台更不安全，而是因為用戶數多，受攻擊的比例上佔得也比較多。

　　然而，受到駭客威脅的原因，不是由於 WordPress 本身的核心程式問題，而是來自於網站管理員的不當部署、配置、或沒有即時更新。

在 WordPress 網站中，當受駭客攻擊時，有 50.3 ％的網站仍使用舊的 WordPress 核心版本。

▲ 舊版 CMS 使用情況　資料來源：Sucuri 網站威脅研究報告，2021 年

另一個原因，是伺服器使用舊版本的 PHP，因此容易受到攻擊。根據 Sucuri 網站威脅研究報告中顯示，在網站所使用的 PHP 版本中，有 27.1 ％的網站仍使用已經被棄用的 5.x 版本，比例超過四分之一以上，使得這些網站都存在著未修補的安全漏洞。

而有 70.1 ％的網站使用的是 PHP 7.x 版本。但使用最新版本 PHP 8.x 的網站僅佔了 1.23%。

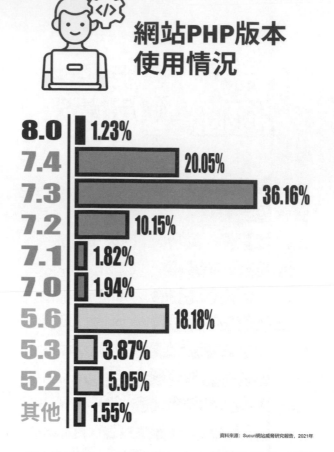

網站PHP版本
使用情況

8.0 　1.23%
7.4 　20.05%
7.3 　36.16%
7.2 　10.15%
7.1 　1.82%
7.0 　1.94%
5.6 　18.18%
5.3 　3.87%
5.2 　5.05%
其他 　1.55%

資料來源：Sucuri網站威脅研究報告，2021年

▲ 網站 PHP 版本使用情況　資料來源：Sucuri 網站威脅研究報告，2021 年

　　而這些使用過時 PHP 版本的網站，或是因為外掛程式、佈景主題與新版 PHP 不相容、或是因為修改了 WordPress 核心程式碼、或是因為管理上的種種原因，使得 PHP 版本無法更新，讓網站更容易受到攻擊。

　　也因此，使用 WordPress 來架設網站的使用者或管理員，更該重視的是它的網站安全性問題。WordPress 是目前市場占有率最大的內容管理系統，雖然有定期維護與更新其核心程式，但若是自身的網站管理並沒有跟著時時更新與維護的話，仍可能受到每天數以萬計的駭客、爬蟲攻擊，尋找網站的漏洞，而影響到了網站的正常運營狀態。

1-2　安全的 WordPress 外掛程式、佈景主題安裝和下載

WordPress 的優勢，在於它有大量的外掛程式與佈景主題可擴充，然而，有些 WordPress 的使用者，因為不想付費升級外掛程式，或希望使用免費的佈景主題，會從盜版網站下載破解版，卻沒有意識到，這些來路不明的外掛或佈景主題，大多數都已被植入了惡意程式，駭客也可經由這些木馬、病毒來攻擊網站。

因此，要避免使用破解版的外掛程式與佈景主題，若要使用 WordPress 非官方下載的佈景主題，也要從全球市占率高的佈景主題商店購買與下載。

所需避免使用的
外掛與佈景主題

破解版

修改版

不明版

! 容易被置入了木馬病毒等惡意程式
! 檔案裡包含了後門程式
! 無法更新，容易有漏洞

▲ 所需避免使用的外掛程式與佈景主題

當然，最安全的作法，仍是從 WordPress 官方網站下載、升級付費版的外掛程式與佈景主題，如此一來，每當更新版發佈時，也能即時升級更新版本，修補安全漏洞。

從官方網站下載外掛

https://tw.wordpress.org/plugins/

▲ WordPress 官方網站外掛

▲ WordPress 官方網站外掛 Qrcode

官方網站佈景主題

https://tw.wordpress.org/themes/

▲ 官方網站佈景主題

▲ 官方網站佈景主題 Qrcode

woocommerce 官方網站外掛下載

https://woocommerce.com/product-category/woocommerce-extensions/

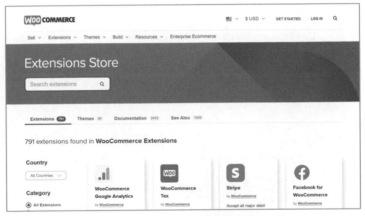

▲woocommerce 官方網站外掛下載

▲woocommerce 官方網站外掛 Qrcode

1-3　如何保護 WordPress 核心程式碼的安全？

所謂的核心程式碼，就是指 WordPress 解壓縮之後，在 wp-content/ 目錄以外的地方，除了幾個必要的檔案以外（在後續的章節中會詳述有哪些檔案需要修改），其他任何的程式碼都不要修改，否則只要每當 WordPress 升級時，所修改的程式碼都會被覆蓋掉。而不想被覆蓋的話，只能選擇不要 WordPress 自動升級，但這樣一來，一旦 WordPress 修補了安全漏洞之後，若網站不即時升級的話，則會暴露在危險之下。

同樣地，雖然外掛程式與佈景主題的程式碼會存放在 wp-content/ 目錄底下，然而一旦經過修改後，若該外掛程式與佈景主題有所更新的話，那麼原本修改的程式碼一樣都會隨著更新而被覆蓋掉。

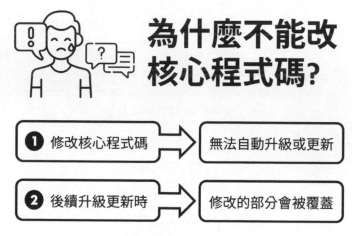

▲ 不能修改 WordPress 核心程式碼的原因

因此，若網站需要客制化的外掛程式或佈景主題時，最好是請開發者或外包公司專門開發一個 100％原創的插件或佈景主題，並提供定期的更新服務，而不是以現有的外掛或佈景主題去做修改。

另外，所客制化的程式碼，也要存放在 wp-content/ 目錄底下，若之後需要備份時，也可以先從 wp-content 目錄開始備份。

客制外掛佈景
須注意的事項

❶ 找人開發網站專用的外掛程式時	➜	需能隨新版本升級，否則恐有漏洞產生
❷ 當外包公司建議以現有外掛進行修改	➜	不要採用該種方案，修改版無法自動更新

▲ 客制化外掛程式或佈景主題需注意事項

第 **2** 章

WordPress更新和漏洞修復：
確保網站始終更新並安全運行

2-1　更新至最新版本，讓網站免受駭客攻擊

WordPres 每次有新版本出現時，都代表某些漏洞已經進行修補了，因此更新至最新版本，是最簡單的提升網站安全的方法。

一、WordPres 最新版本更新

1　WordPress 會自動檢查是否有更新版本出現，如果要進行更新，不要在毫無備份的情況下更新，而是要先將網站根目錄檔案與資料庫都備份好之後，再至 WordPress 管理後台中，點擊左欄選單的「更新」。

▲ 點擊「更新」

2　WordPress 更新頁面中，找到「WordPress 已有更新版本可供下載安裝」區塊，便會顯示目前可下載與安裝的最新版本，點擊「更新至 X.X- zh TW 版」，進行升級。

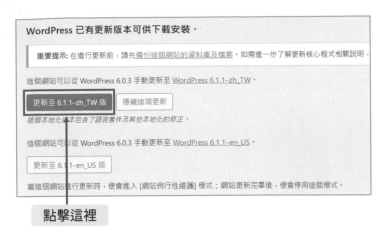

▲ 點擊「更新至 X.X- zh TW 版」

3 依照伺服器的不同，有些虛擬伺服器可以立即下載與安裝，有些伺服器則需要再提供一次 FTP 資料，輸入主機名稱、FTP 帳號與密碼後，點擊「繼續」。

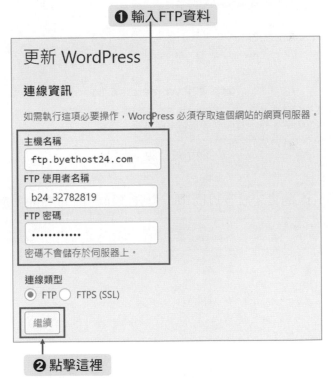

▲ 點擊「繼續」

4 更新 WordPress 需要等待一段時間，必須耐心等待，在進行更新時，瀏覽器不要跳轉到其他頁面，也不要重新整理頁面。

▲ 進行更新中

5 更新完畢後，頁面會顯示最新版本的修正資訊，以及所有新增的功能。

▲ 顯示最新版本資訊

6 在 WordPress 的更新設定頁面中，也會顯示目前的最新版本號，以及最後的檢查時間。

WordPress 更新

這個頁面會顯示更新、設定自動更新及哪些外掛或佈景主題需要更新的相關資訊。

目前版本: 6.1.1

最後檢查時間: 2022 年 12 月 28 日上午 9:46 GMT+0800 · 再次檢查

這個網站會自動更新至 WordPress 每個最新版本。
切換至僅會安裝安全性維護版本的自動更新

這個網站安裝的 WordPress 為最新版本。

重新安裝 6.1.1-zh_TW　隱藏這項更新
這個本地化版本包含了語言套件及其他本地化的修正。

▲ 顯示目前的最新版本號

> ⚡ **重點指引：**
>
> WordPress 的主版本號要手動更新，小版本號則會自動更新。
>
> 例如，現在安裝的是 WordPress 6.0 版本，之後當 WordPress 6.0.3 發佈後，管理後台會自動更新。
>
> 未來如果發佈了 WordPress 6.1 版本，則不會自動更新，需在管理後台點擊「立即更新」，進行手動升級。

　　雖然也可以將 WordPress 設定成無論大小版本號，都可以自動更新，但建議不要全面自動更新，尤其對已經安裝了大量的外掛的網站來說，因為常會出現外掛或佈景主題與系統、主程式的相容問題。

　　更新之後，若發現外掛或佈景主題有不相容的情形時，為了安全性起見，建議先暫停使用該外掛或佈景主題，但若是非使用該外掛功能不可的話，折衷方案是先將 WordPress 回復到先前的版本，等到該外掛有更新版本出現後，再進行 WordPress 的更新。

二、回復 WordPress 舊版本

1　至 WordPress 管理後台中，點擊左欄選單的「外掛」，再點擊「安裝外掛」。

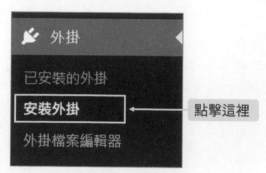

▲ 點擊「安裝外掛」

2　在關鍵字欄搜尋「WP Downgrade」，安裝「WP Downgrade｜指定核心程式版本」外掛，點擊「立即安裝」，安裝完畢之後再啟用它。

▲ 點擊「立即安裝」

3 點擊左欄選單的「設定」，再點擊「WP Downgrade」。

▲ 點擊「WP Downgrade」

4 在「目前執行的 WordPress 版本」中，是網站目前所使用的版本。而在「WordPress 目標版本」中，則是要輸入降級（或升級）的版本。

若不曉得要回復到哪一個版本，可以點擊「WP Releases」，就能看到各個版本號碼了。

確認版本號碼後，再點擊「儲存設定」。

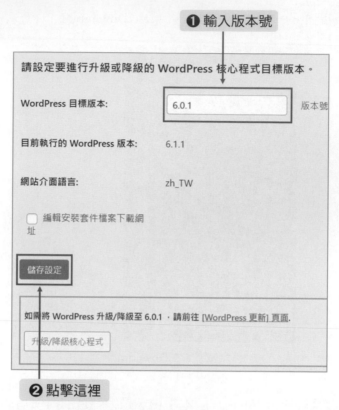

❶ 輸入版本號

請設定要進行升級或降級的 WordPress 核心程式目標版本。

WordPress 目標版本:　　6.0.1　　版本號

目前執行的 WordPress 版本:　　6.1.1

網站介面語言:　　zh_TW

☐ 編輯安裝套件檔案下載網址

儲存設定

如需將 WordPress 升級/降級至 6.0.1，請前往 [WordPress 更新] 頁面.

升級/降級核心程式

❷ 點擊這裡

▲ 點擊「儲存設定」

5 點擊「WP Releases」後，會連結到 WordPress 的官網中，官網針對所釋出的版本，都有詳盡的紀錄。

「Latest release」為最新發佈的版本，底下則會依照從新到舊的排序方式，將所有版本列出。

WP Releases　　https://wordpress.org/download/releases/

最新版本

Latest release

| 6.1.1 | November 15, 2022 | zip
(md5 · sha1) | tar.gz
(md5 · sha1) |

6.1 Branch

| 6.1.1 | November 15, 2022 | zip
(md5 · sha1) | tar.gz
(md5 · sha1) |
| 6.1 | November 2, 2022 | zip
(md5 · sha1) | tar.gz
(md5 · sha1) |

主版本號的各小號版本

▲ WordPress 官方釋出的版本

6 指定所要恢復的 WordPress 版本，點擊「儲存設定」後，管理後台還沒有開始進行降級安裝，如果確定要安裝，則可再點擊「升級 / 降級核心程式」。

請設定要進行升級或降級的 WordPress 核心程式目標版本。

WordPress 目標版本：　　　　6.0.1　　　　　　版本號

目前執行的 WordPress 版本：　　6.1.1

網站介面語言：　　　　　　　zh_TW

☐ 編輯安裝套件檔案下載網址

儲存設定

如需將 WordPress 升級/降級至 6.0.1，請前往 [WordPress 更新] 頁面.

升級/降級核心程式

點擊這裡

▲ 點擊「升級 / 降級核心程式」

7 點擊「重新安裝 X.X.X-zh_TW」。

記得，在進行重新安裝之前，都要先將所有的 WordPress 檔案和資料庫都備份起來。

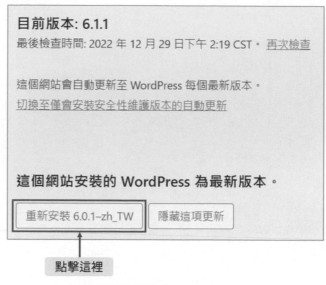

▲ 點擊「重新安裝 X.X.X-zh_TW」

8 之後，如果不相容的外掛有更新版本出現時，可以先將外掛進行停用的動作，再進行 WordPress 的升級動作，而後再將外掛啟用並更新。

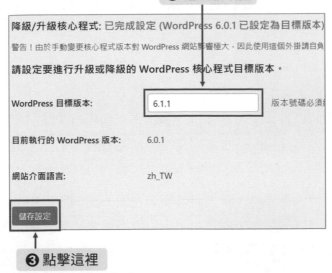

▲ 進行外掛更新步驟

2-2 移除未啟用外掛，防堵惡意程式

未啟用的外掛必須要刪除，因為就算這些外掛沒有啟用，若是沒有更新的話，漏洞仍會存在，也一樣會被駭客攻擊。

另外，有時候會為了測試外掛符不符合網站使用，因而安裝了許多各式各樣的外掛，但不適用的外掛在停用後，卻沒有將其刪除，也會造成漏洞的存在。

因此建議測試外掛時，不要將其安裝在同一個伺服器中，需要準備另一個環境相同的測試伺服器，或是使用免費伺服器來進行安裝與調整，待確認所有問題排除後，再安裝到運營的伺服器中。

未啟用外掛的查看與移除

1 點擊左欄選單的「外掛」，再點擊「已安裝外掛」。

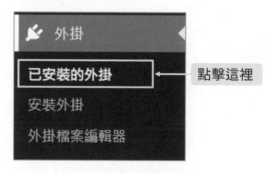

▲ 點擊「已安裝外掛」

2 點擊「未啟用」，可以清楚的看到目前未啟用外掛的數量，記得通通都要刪除掉。

點擊這裡

▲ 點擊「未啟用」

3 勾選所有要移除的外掛，在批次操作中，選擇「刪除」後，再點擊「套用」，就能夠進行批量刪除了。

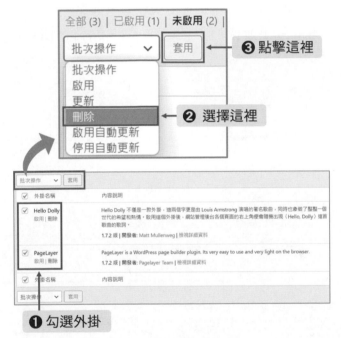

▲ 移除外掛

2-3　隱藏 WordPress 版本，安全性再進一步

如果駭客知道網站所使用的是哪個版本的 WordPress，他們就更容易制定攻擊方式。

但預設情況下，WordPress 的版本是可以在網站的原始碼中看到。

一、非網站管理員是如何得知 WordPress 版本的？

打開瀏覽器，在網站首頁中按下滑鼠右鍵，選擇「檢視網頁原始碼」，再以關鍵字「generator」搜尋，就可以看到 WordPress 所使用的版本了。

❶ 選擇這裡

▲ 查看 WordPress 使用的版本

二、該怎麼隱藏 WordPress 的版本？

● 方式一：修改檔案

1 在 wp-includes 目錄底下，找到「functions.php」的檔案，將該檔案下載下來。

▲ 下載「functions.php」

2 在修改檔案之前，先複製原始檔案，將檔案另行備份。

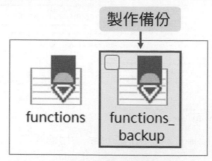

▲ 備份原始檔案

3 開啟「functions.php」檔案，在約 30 行下方處，貼入以下程式碼，再將
檔案儲存起來。

```
// 頭部刪除
remove_action('wp_head', 'wp_generator');
//RSS 中刪除
add_filter('the_generator', '__return_empty_string');
// 腳本和 CSS 中刪除
function shanchu_banben($src) {
  if (strpos($src, 'ver=')) {
    $src = remove_query_arg('ver', $src);
  }
  return $src;
}
add_filter('style_loader_src', 'shanchu_banben', 9999);
add_filter('script_loader_src', 'shanchu_banben', 9999);
```

```
12 *
13 * - `$format` should be a PHP date format string.
14 * - 'U' and 'G' formats will return an integer sum of timestamp with timezone offset.
15 * - `$date` is expected to be local time in MySQL format (`Y-m-d H:i:s`).
16 *
17 * Historically UTC time could be passed to the function to produce Unix timestamp.
18 *
19 * If `$translate` is true then the given date and format string will
20 * be passed to `wp_date()` for translation.
21 *
22 * @since 0.71
23 *
24 * @param string $format    Format of the date to return.
25 * @param string $date      Date string to convert.
26 * @param bool   $translate Whether the return date should be translated. Default true.
27 * @return string|int|false Integer if `$format` is 'U' or 'G', string otherwise.
28 *                          False on failure.
29 */
30 //頭部刪除
31 remove_action('wp_head', 'wp_generator');
32 //RSS中刪除
33 add_filter('the_generator', '__return_empty_string');
34 //腳本和CSS中刪除
35 function shanchu_banben($src) {
36   if (strpos($src, 'ver=')) {
37     $src = remove_query_arg('ver', $src);
38   }
39   return $src;
40 }
41 add_filter('style_loader_src', 'shanchu_banben', 9999);
42 add_filter('script_loader_src', 'shanchu_banben', 9999);
43
44
```

貼入程式碼

▲ 貼入程式碼

⚡ **重點指引：**

可以至 PSPad 官網下載免安裝版本使用，就能編輯程式碼了。

http://www.pspad.com/en/download.php

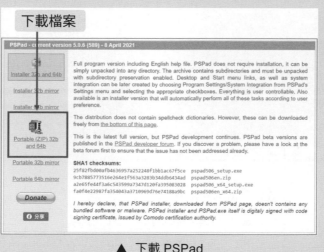

▲ 下載 PSPad

4 將檔案上傳至 wp-includes 目錄底下，把原本的檔案覆蓋掉。

▲ 上傳「functions.php」

5 之後再檢視網頁原始碼，以關鍵字「generator」搜尋，這時候 WordPress 的版本就會被隱藏起來了。

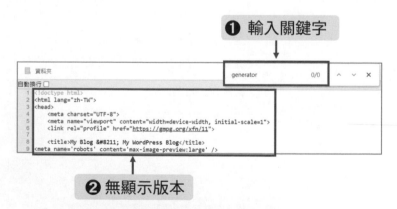

▲ WordPress 的版本已不再顯示

6 值得注意的是，日後 WordPress 核心程式有任何更新時，檔案會被新版原始碼檔案所覆蓋，因此必須在「functions.php」檔案裡，重新加入一次程式碼。

● 方式二：安裝外掛程式

在不修改檔案的情況下，也可以安裝外掛程式來移除 WordPress 的版本資訊。

1 至 WordPress 管理後台中，點擊左欄選單的「外掛」，再點擊「安裝外掛」。

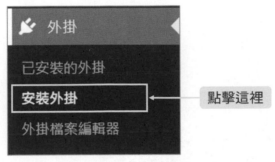

▲ 點擊「安裝外掛」

2 在關鍵字欄搜尋「Meta Generator」，安裝「Meta Generator and Version Info Remover」外掛，點擊「立即安裝」，安裝完畢之後再啟用它。

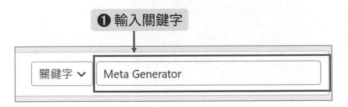

▲ 點擊「立即安裝」

3 點擊左欄選單的「設定」，再點擊「Meta Generator and Version Info Remover」。

▲ 點擊「Meta Generator and Version Info Remover」

4 找到「Version Info Remover Settings」區塊，將所屬的 3 個項目都勾選
起來。

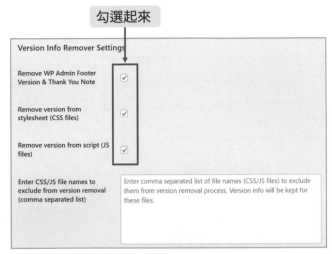

▲ 勾選 3 個項目

5 最後，在設定頁面底部，點擊「Save changes」，儲存設定。

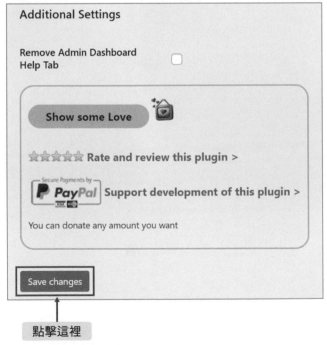

▲ 點擊「Save changes」

6 同樣地，開啟瀏覽器，檢視網頁原始碼，可以發現 WordPress 的版本資訊已經移除了。

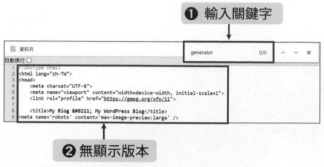

▲ 版本資訊已移除

第 **3** 章

主機與伺服器安全：

選擇安全主機服務商，
保護 WordPress 環境

3-1 選擇安全主機，讓網站整體效能和速度更佳

很多虛擬主機雖然價格便宜，但多數並沒有防火牆保護。有的主機商沒有足夠的能力抵禦駭客的攻擊，有的需要加購安全軟體或防火牆方案，有的發生問題時需要自行解決。

因此挑選主機時，一定要把有安全功能的主機納入考量，別為了省小錢而在日後損失更多。

有些主機商會針對 WordPress 推出特定的主機，但大多是針對效能進行調整，或是提供一鍵安裝的服務，然而在安全性方面，並沒有特別著重。

若是主機商著重網路安全問題，通常在服務列表中就會清楚地說明他們提供了哪些安全性的技術、可以抵擋哪些類型的駭客攻擊…等資訊，甚至有獨立的安全團隊來監控最新漏洞與攻擊手法。

安全主機選購原則

❶ 自動掃描惡意軟體

❷ 自動修補安全性漏洞

❸ 阻擋駭客攻擊問題

❹ 阻擋大規模DDOS攻擊

❺ 監控流量中的可疑活動

❻ 有技術支援中心

▲ 安全主機選購原則

若是在主機官網的頁面中，找不到相關資訊的話，建議您詢問主機商服務人員，或是更換另一家更為可靠的主機商。

3-2　運行最新版 PHP，拒絕成為資安孤兒

WordPress 是使用 PHP 撰寫的，官方會針對嚴重的安全性漏洞提供修復，因此在伺服器中，使用最新版本的 PHP 相當重要，因為針對舊有的 PHP 版本號，官方表示已不會再對漏洞進行修復了，所以可以看到，PHP7.4 以下的版本，已經都不再受到支援了。

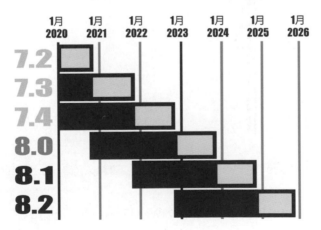

▲ PHP 支援版本起訖時間　資料來源：php.net

　　然而根據 WordPress 官方網站的統計，目前只有 6.9% 的 WordPress 運行在 PHP 8.1 和 8.2 版本之上，卻有高達 55% 的 WordPress 運行在 PHP 7.4 上，9.9% 運行在 PHP 7.3 上，7.2% 運行在的 PHP 7.2 上，1.7% 運行在 PHP 7.1 上，2.5% 運行在 PHP 7.0 上，甚至有 6.7% 的 WordPress 網站安裝在更低的版本。

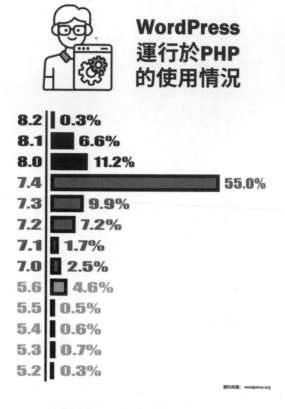

▲ WordPress 運行於 PHP 的使用情況　資料來源：wordpress.org

　　升級伺服器的 PHP 版本，跟升級 WordPress 的核心程式碼一樣重要，如果使用過時的 PHP 版本，不但無法獲得 PHP 官方對安全漏洞所進行的修補，更會讓伺服器面臨安全性的問題，一樣會影響網站的正常運營。

如何查詢伺服器的 PHP 版本

　　如果不知道伺服器的 PHP 版本，可以在 WordPress 管理後台安裝外掛來查詢。

1 點擊左欄選單的「外掛」，再點擊「安裝外掛」。

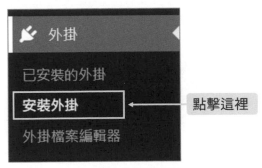

▲ 點擊「安裝外掛」

2 在關鍵字搜尋欄中，搜尋「PHP Version」，找到「WP PHP Version Display」這個外掛，點擊「立即安裝」，安裝好之後再啟用它。

▲ 點擊「立即安裝」

3 點擊左欄選單的「控制台」，再點擊「首頁」。

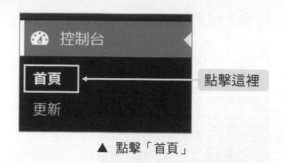

▲ 點擊「首頁」

4 在「網站概況」的區塊中，就會顯示出目前所運行的 PHP 版本了。

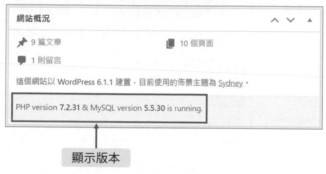

▲ 顯示 PHP 版本

5 只要得知 PHP 版本之後，該外掛也可以移除了，並不需要一直啟用。

升級 PHP 版本是主機商所應負責的工作，若是伺服器的 PHP 版本太低，可以聯繫主機商進行升級的動作。但有些服務良好的主機商，可以讓用戶在管理後台選擇所要使用的 PHP 版本，用戶可以在後台直接進行版本的修改。

3-3　使用 SSL / HTTPS 安全性憑證，保障交易與顧客安全

在網站上安裝 SSL 安全通訊協定憑證，讓網址在 https 的情況下連線，

可以加密用戶瀏覽器與網站之間的傳輸封包，讓 WordPress 更安全，更具隱私性。

　　SSL 憑證須要購買與安裝，安裝方式依主機商而有所差異，但有的主機方案也會自動安裝好。在伺服器設定完 SSL 之後，也要記得在 WordPress 的後台中做相應的設定。

1 點擊左欄選單的「設定」，再點擊「一般」。

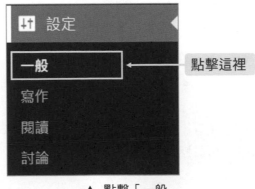

▲ 點擊「一般」

2 在「WordPress 位址（網址）」、「網站位址（網址）」的兩個欄位中，都要將網址改為以 https 開頭的連結。

一般設定

| 網站標題 | WordPress社群&整合行銷 |
| 網站說明 | 整合社群行銷力的企業官網/開店平台 |

請簡單說明這個網站的內容。

| WordPress 位址 (網址) | https://fbbm1.000webhostapp.com |
| 網站位址 (網址) | https://fbbm1.000webhostapp.com |

如果網站首頁網址需要與 WordPress 安裝目錄不同，請在這裡輸入指定位址。

更改連結

▲ 更改連結

3 另外，若是發現網站的舊網址不會自動連結至以 https 為開頭的網址的話，還要再安裝一個外掛來支援。

點擊左欄選單的「外掛」，再點擊「安裝外掛」。

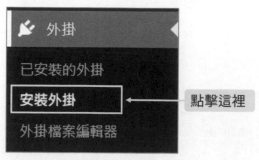

▲ 點擊「安裝外掛」

4 在關鍵字欄位中搜尋「SSL」，找到「WP Force SSL & HTTPS SSL Redirect」外掛後，再點擊「立即安裝」，而後予以啟用。

▲ 點擊「立即安裝」

5 啟用後，會彈出小視窗，不要點擊「Settings - WP Force SSL」的連結，點擊「關閉」。

而後點擊左欄選單的「設定」，再點擊「WP Force SSL」。

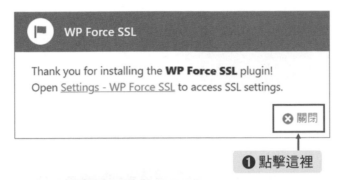

❶ 點擊這裡

❷ 點擊這裡

▲ 點擊「WP Force SSL」

6 點擊「Settings」標籤，並將以下功能開啟：

▲ 點擊「Settings」

Enable HSTS：啟用 HSTS。

HSTS 是一種強制安全傳輸技術，讓用戶在瀏覽網站時，強制以 HTTPS 方式進行連線傳輸，可以減少用戶端和伺服器端在連線時被攻擊的可能性。

▲ 啟用 HSTS

⚡ **重點指引：**

Expect CT：不需要啟用 Expect-CT 標頭

Expect-CT 標頭是強制使用有經過授權的 SSL 證書。所有已頒發的證書都會被記錄在公共日誌中，以便檢測站點是否使用到惡意證書。

而所有經過頒發的證書，都會向公共日誌發送「簽名證書時間戳 (SCT)」。

不過 2018 年 5 月之後，頒發的所有 SSL 證書默認都已支持 SCT，且主流的瀏覽器都要求要有 SCT 存在，所以 Expect-CT 標頭已經在 2021 年 7 月之後被棄用，目前只有少部分的瀏覽器還支援 Expect-CT 標頭。

▲ 不需啟用 Expect-CT

7 「Show WP Force SSL menu to administrators in admin bar」 和「Show WP Force SSL widget to administrators in admin dashboard」預設值都是啟用的狀態，可以不用更改。

設定完畢後，再點擊「Save Settings」。

▲ 點擊「Save Settings」

第 **4** 章

強化本機安全：
避免 WordPress 網站的
敏感資料被竊取

防毒不輕忽，徹底保護本機電腦和網站安全

如果所使用的本機電腦中了病毒，那麼再用它來傳檔案、更新網站，很快地，病毒也會快速複製到網站上。

所以在電腦上，也一定要安裝掃毒軟體，及時更新病毒庫，才能保護本機電腦和遠端網站、伺服器的安全。

市面上有數百種掃毒軟體，不管是付費或免費，都宣稱自己擁有最完備的掃毒功能，然而，網路犯罪、釣魚手法太過猖獗，範圍廣泛且存在不同程度的威脅，如最為人熟知的特洛伊木馬、蠕蟲、間諜軟體等，甚至還有鍵盤記錄程式、密碼劫持程式…等等，因此除了最基本的防毒、殺毒以外，最好還要兼具其他功能，如：實時保護、Wi-Fi 保護、密碼管理器、防火牆、網路釣魚保護、實時暗網監控、雲備份…，以便能提供本機最完整的保護。

那麼，防毒軟體這麼多種，到底要安裝哪一套防毒軟體呢？

如果不曉得要在電腦本機上安裝哪一種防毒軟體的話，不妨可以參考國外資安評測網站《AV-TEST》的報告，有針對於 Windows 和 MacOS 的防毒軟體測試，並依據保護、表現、可用性 3 個指標來給分，每個指標最高分為 6 分，滿分為 18 分。依照評測報告的給分與評定來挑選，且每 2 個月就會發佈一次評測報告，隨時都可以掌握到最新、最佳的防毒軟體資訊。

▲ 《AV-TEST》適用於 Windows 的防病毒軟體評測報告

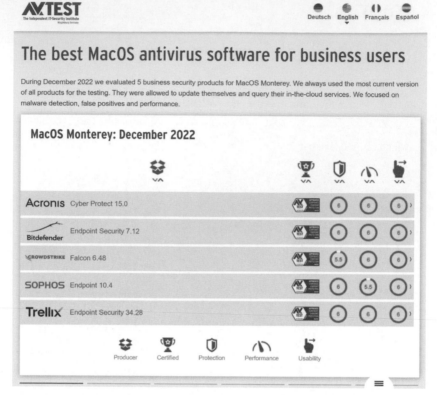

▲ 《AV-TEST》適用於 MacOS 的防病毒軟體評測報告

 4-2 **可信任網路更新網站，安全防禦顧客機密資料**

　　在免費的 WiFi 環境下，雖然很便利，但也存在著不少的安全隱憂，像是資料很容易被竊取，尤其是帳號、密碼。如果是在這樣的情況下登入 WordPress 的管理後台，那麼就等於是把網站暴露於危險的環境之中。

　　因此每一次在更新或登入網站時，尤其是對管理員來說，要注意的是，只能在可信任的網路中進行，如：家中、辦公室。

避免在像是便利商店、車站等公共場所進行登入或更新的動作。

▲ 使用免費 Wifi 登入網站，易被駭客竊取資料

 啟用 SFTP 用戶端，始終使用安全連接

SFTP 和一般的 FTP 不同，是在傳輸檔案的時候，多了一層加密的功能。

要傳輸的檔案如果是重要的資料，最好能使用 SFTP 連線，以保護傳輸的資料。

FileZilla 是一款免費的 SFTP、FTP 檔案傳輸軟體，下載位置為：

https://filezilla-project.org/

▲ FileZilla QrCode

1 至 FileZilla 的下載頁面上，點擊「Download FileZilla Client」。

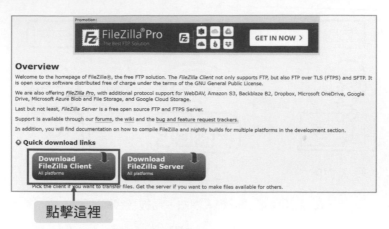

▲ 點擊「Download FileZilla Client」

2 再點擊「Download FileZilla Client」。

這是針對 Windows 作業系統的軟體，如需要其他作業系統的版本，則可點擊「Show additional download options」，選擇所需的版本來下載。

▲ 點擊「Download FileZilla Client」

3 選擇「FileZilla」版本下載，點擊「Download」。

▲ 點擊「Download」

4 安裝好之後，開啟 FileZilla，點擊第一顆按鈕「站台管理員」。

▲ 點擊「站台管理員」

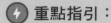 **重點指引：**

在一開啟 FileZilla 時，若是使用「快速連線」的方式，那麼便無法記錄站點的主機、使用者名稱等連線資訊，往後每次開啟 FileZilla 時，都要再重新輸入一次資訊，較為不方便。

▲ 使用「快速連線」無法記錄站點資訊

5　若還沒有建立任何的站台，則點擊「新增站台」。

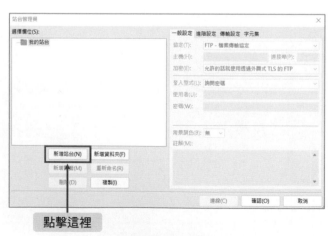

▲ 點擊「新增站台」

6 在「協定」選項中，選擇 SFTP 的選項。

輸入主機的 IP（有的虛擬主機是輸入主機名稱），連接埠可以不用填寫，如需填寫的話，一般都是「22」連接埠。

登入型式選擇「詢問密碼」，而後填入使用者名稱，點擊「連線」。

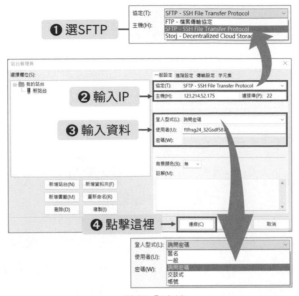

▲ 點擊「連線」

7 輸入密碼，將「記憶密碼直到 FileZilla 關閉」勾選起來，再擊「確認」。

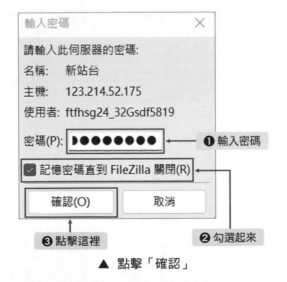

▲ 點擊「確認」

8 如此便可以順利連結到伺服器中，並進行檔案的傳輸工作了。

▲ 已連結到伺服器

　　一般來說，免費的虛擬主機大多沒有支援 SFTP 連線的功能。而多數付費租用的虛擬主機商，則有提供 SFTP 連線的支援，不過若是在主機管理後台中無法設定的話，可能需要聯絡主機商來啟用 SFTP 功能。

　　但不是所有的付費虛擬主機方案都有提供 SFTP 連線，租用前需先看清各方案是否有提供的 SFTP 存取權。

　　例如，以 Godaddy 主機服務來說，只限定豪華版、旗艦版、電子商務方案才能擁有 SFTP 存取權。

▲ Godaddy 有 SFTP 存取權的方案

第 **5** 章

WordPress暴力攻擊防護：
創建安全的密碼與雙重驗證

5-1　使用高強度密碼，啟用密碼管理

在駭客的攻擊手法中，最常見的就是暴力破解，也就是破解登入帳號與密碼，包括 WordPress 的管理員帳號／密碼、FTP 帳號／密碼、伺服器管理後台帳號／密碼，因此最基本的防護方式，就是更改預設的管理員帳號，以及設定難以破解的密碼。

通常 WordPress 預設的管理員名稱大多為「admin」，一般的用戶多半不會去更改管理員帳號，這使得駭客不必花費太大的力氣就可以得知管理員帳號，再加上密碼設定過於簡單的話，被駭客入侵網站就變得輕而易舉的事了。

那麼，要怎麼更改管理員帳號呢？

在一開始要安裝 WordPress 的時候，在設定管理員名稱的欄位上，不要使用預設的「admin」，而是以難以猜測的英文和數字混合命名，且所使用的名稱不要使用任何含有意義的英文單詞，而是無意義的隨機編碼，如：Jf2kh8iR10dg4sGh3kd5iT9S1。

而要是 WordPress 已經安裝好，並且使用了「admin」作為管理員名稱的話，那麼就需要先新增一個帳號，將其設置為管理員角色，再刪除原始的「管理員」用戶。

通常駭客會從管理員帳號攻擊，如果網站設有多位使用者，則需分配不同的權限，如：編輯、作者。其中，管理員最好只設定一個。

一、在 WordPress 管理後台中更改管理員帳號

1 至左欄選單中，點擊「使用者」，再點擊「新增使用者」。

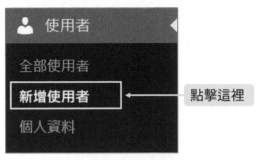

▲ 點擊「新增使用者」

2 輸入使用者名稱、電子郵件、名字、姓氏⋯等資料。

輸入資料

新增使用者	
新增一個全新的使用者，並將使用者加入這個網站。	
使用者名稱 (必填)	FGDgh4jsdkf8fgkselvgs5f2g
電子郵件地址 (必填)	accupass107@gmail.com
名字	AKIRA
姓氏	LIN
個人網站網址	
語言	繁體中文 ˅

▲ 輸入資料

3 密碼使用高強度密碼，或點擊「產生密碼」，由系統自動生成。

點擊這裡

▲ 點擊「產生密碼」

4 將「使用者角色」指定為「網站管理員」，再點擊「新增使用者」。

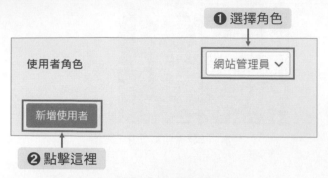

▲ 點擊「新增使用者」

5 在 WordPress 管理後台的右上方處，點擊管理員名稱，再點擊「登出」，登出原始管理員帳號。

▲ 點擊「登出」

6 再以新的管理員身份登入，一樣至左欄選單中，點擊「使用者」，再點擊「全部使用者」。

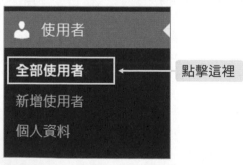

▲ 點擊「全部使用者」

7 將「admin」勾選起來，選擇「刪除」，再點擊「套用」，就能將原始
管理員的帳號刪除了。

▲ 點擊「套用」

8 若原始管理員帳號曾發佈過文章或頁面等內容的話，則要將內容轉移給
其他使用者，選定要指定的使用者帳號後，再點擊「確認刪除」。

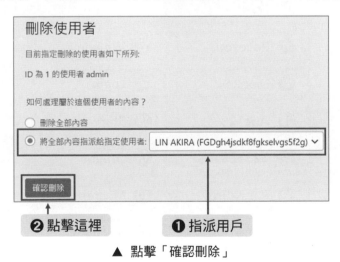

▲ 點擊「確認刪除」

二、使用高強度密碼

許多用戶對於密碼的安全性不太重視，常選擇「1234567」或「abcdefgh」，或是使用自己的生日作為密碼，根據美國安全應用程式 Splashdata 的調查，最容易被駭客破解的前 25 個密碼為：

▲ 前 25 名最易被破解的密碼　資料來源：splashdata

另外還有風險過大的密碼，包括：生日、週年紀念日、親人的姓名、寵物名字、暱稱、電話號碼、手機號碼…等基於個人習慣的密碼，都不能使用。

還有很重要的一點是，不要在所有的網站上都使用同一組密碼，否則一旦駭客知道其中某一組帳號 / 密碼，那麼就很容易知道在其他網站上的帳號 / 密碼。

在設定密碼時，切勿使用簡單、與習慣相關的密碼，因為駭客通常會根據個人資料去破解可能產生的組合，雖然 WordPress 會將密碼以 md5 的加密技術進行處理，但太過簡單的密碼，仍然不夠安全，而一組具有安全性的密碼，應該遵循以下幾項原則：

強度密碼
設定原則

❶ 最佳密碼：大小寫字母+數字+特殊符號

❷ 至少1個英文大寫字

❸ 至少1個英文小寫字

❹ 至少1位阿拉伯數字

❺ 至少1個特殊符號

❻ 至少10個字元，連續不超過兩個相同的字

❼ 不要透過郵件、LINE、或未加密形式發送

❽ 多帳號勿使用同一組密碼

▲ 強度密碼設定原則

　　使用高強度密碼的缺點，就是過於複雜而不好記憶，因此比較好的方式是使用密碼管理器來記錄，如線上密碼管理器：1Password、LastPass，免費密碼管理工具：KeePass。

LastPass

https://www.lastpass.com/

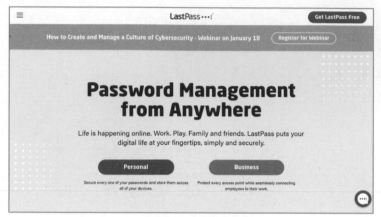

▲ LastPass 官方網站

▲ LastPass 網址 QrCode

1Password

https://1password.com/zh-tw/

▲ 1Password 官方網站

▲ 1Password 網址 QrCode

KeePass

https://keepass.info/download.html

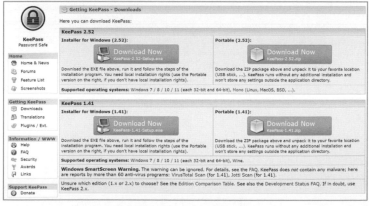

▲ KeePass 官方網站

▲ KeePass 網址 QrCode

三、密碼管理器使用方法：以 LastPass 為例

1 至 LastPass 首頁（https://www.lastpass.com/），點擊「Get LastPass Free」。

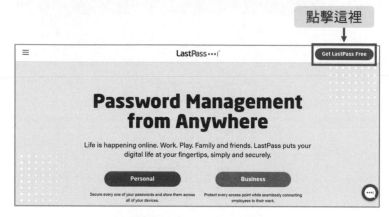

▲ 點擊「Get LastPass Free」

2 輸入 Email、密碼等資料，點擊「Sign Up - It's Free」，先註冊一個會員帳號。

❶ 輸入資料

Create an account　　　　　　　or Log In

Email

Master Password 👁

Strength

Confirm Master Password 👁

Reminder (Optional)

Sign Up - It's Free

By completing this form, I agree to the Terms and Privacy Policy. I
want to receive promotional emails, unless I opt out.

❷ 點擊這裡

▲ 點擊「Sign Up - It's Free」

3　點擊「Install LastPass」，將 LastPass 安裝於瀏覽器中。

Welcome to LastPass!

Install the browser extension, then log in using
the account you've just created.

Install LastPass ↓

Add to browser　　　　Log in

點擊這裡

▲ 點擊「Install LastPass」

4 連結至 Chrome 線上應用程式商店中，點擊「加到 Chrome」。

▲ 點擊「加到 Chrome」

5 在對話視窗彈跳出來後，點擊「新增擴充功能」。

▲ 點擊「新增擴充功能」

6 點擊「Import many passwords at once to LastPass」，一次性匯入多組密碼。

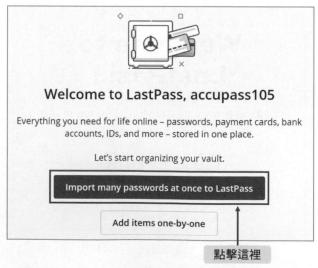

▲ 點擊「Import many passwords at once to LastPass」

7 可選擇從瀏覽器中匯入，以 Chrome 為例，如先前若已經在 Chrome 瀏覽器中儲存過多組密碼的話，則選擇「Chrome」。

▲ 選擇「Chrome」

8 在 Chrome 瀏覽器中，點擊「自訂及管理 Google Chrome」按鈕，再點擊「設定」。

▲ 點擊「設定」

9 在左欄選單中，點擊「自動填入」。

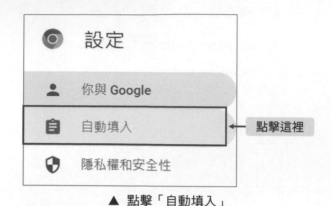

▲ 點擊「自動填入」

10 在自動填入的設定介面中，點擊「密碼管理員」。

▲ 點擊「密碼管理員」

11 找到「已儲存的密碼」的區塊，點擊「更多動作」的按鈕，再點擊「匯出密碼」。

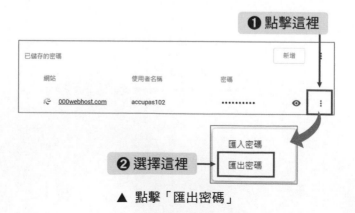

▲ 點擊「匯出密碼」

12 出現確認視窗後，點擊「匯出密碼」。

▲ 點擊「匯出密碼」

13 若電腦有設定密碼，則要再輸入登入電腦時所用的安全密碼，而後才能
將檔案順利下載下來。

▲ 輸入安全密碼

14 點擊「Import all」，將密碼全部匯入。

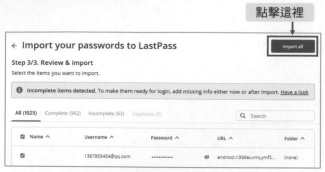

▲ 點擊「Import all」

15 密碼全部匯入成功後，會出現對話視窗，點擊「Go to password security」。

▲ 點擊「Go to password security」

16 若之後要新增密碼，可在左欄選單中點擊「Passwords」。

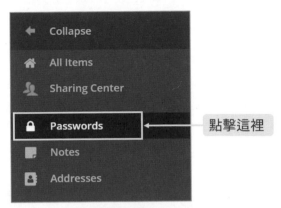

▲ 點擊「Passwords」

17 點擊左下角「+」按鈕，再點擊「Add New Folder」，就可為多組的密碼建立分類。

▲ 點擊「+」按鈕

18 在「Folder Name」的欄位中，輸入分類名稱，再點擊「Save」。

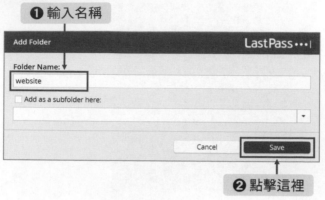

▲ 點擊「Save」

19 接著，再次點擊左下角「＋」按鈕，並點擊「Add Item」。

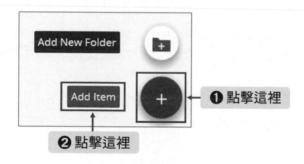

▲ 點擊「Add Item」

20 輸入站點的網址、名稱、管理員帳號、密碼等資料，再點擊「Save」。

❶ 輸入資料

▲ 點擊「Save」

21 往後每一次登入 WordPress 管理後台時，都會自動輸入管理員帳號與密碼，而不必記憶任何帳號密碼或自己手動輸入，相當地方便且安全。

▲ 自動輸入管理員帳號與密碼

限制登錄次數，修改登錄網址

　　WordPress 可以讓用戶進行多次的錯誤登錄，這樣對於駭客的暴力破解也提供了便利性，駭客可以無限制的猜測帳號密碼，因此，要解決這個問題，必須限制用戶可以進行的失敗登錄次數，如登入帳號或密碼累積 3 次錯誤後，就不能再嘗試了。

一、限制登入次數設定

1 在 WordPress 管理後台中，點擊左欄選單的「外掛」，再點擊「安裝外掛」。

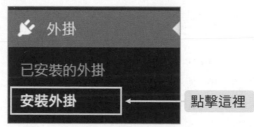

▲ 點擊「安裝外掛」

2 可以安裝「Loginizer」這個外掛，來限制登入次數，並將 IP 地址列入黑名單中。在關鍵字搜尋欄中，搜尋「Loginizer」，找到後點擊「立即安裝」，安裝完畢後再予以啟用。

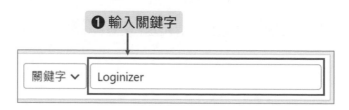

❷ 點擊這裡

▲ 點擊「立即安裝」

3 點擊左欄選單中的「Loginizer Security」，再點擊「Brute Force」。

點擊這裡

▲ 點擊「Brute Force」

4 在「Failed Login Attempts Logs」區塊中，是過去 24 小時內，用戶登入失敗的紀錄，也可以依據這裡的 IP 紀錄來建立黑名單。

當然，如果駭客嘗試攻擊失敗次數過多，它也會將 IP 自動列入黑名單中。

▲ 用戶登入失敗紀錄

5 接著，是針對登入次數的設定：

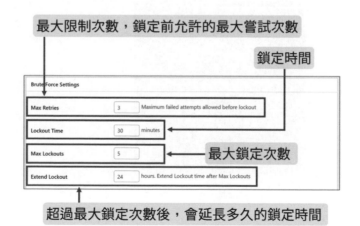

重設限制次數的時間　　　　發送EMAIL通知

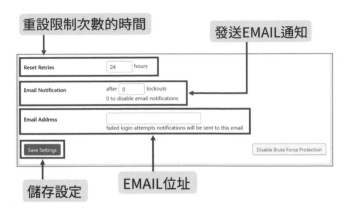

儲存設定　　　EMAIL位址

黑名單IP設置　　　　　IP開始與結束範圍

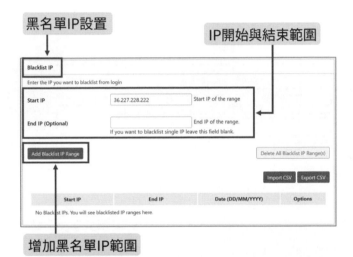

增加黑名單IP範圍

白名單IP設置　　　　　IP開始與結束範圍

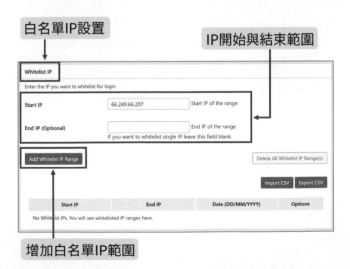

增加白名單IP範圍

IP被列入黑名單後所顯示的訊息

登入錯誤後所顯示的訊息

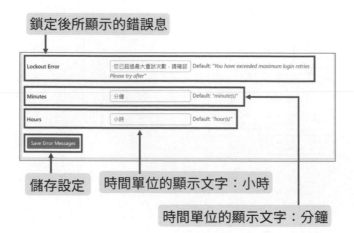

剩餘的可嘗試次數

鎖定後所顯示的錯誤息

儲存設定　　時間單位的顯示文字：小時

時間單位的顯示文字：分鐘

▲　設定登入次數

⚡ 重點指引：

一、登入錯誤顯示訊息

在 WordPress 前台中，當用戶登入錯誤後所顯示的訊息，也往往會提供駭客該如何攻擊網站的線索，對於駭客的暴力破解提供非常大的方便性，可以讓駭客知道該朝哪一個方向攻擊。

二、登入錯誤預設的提示訊息：

1. 用戶名輸入錯誤時，會提示該使用者在網站上並未註冊。

▲ 提示使用者未註冊

2. 密碼輸入錯誤時，會提示「輸入的密碼不正確」。

▲ 提示「輸入的密碼不正確」

3. 所以必須將登入錯誤後所顯示的訊息予以修改，當用戶登入錯誤時，出現
   的錯誤提示為「用戶名或密碼有誤」或是「您輸入的資訊有誤」，不會再
   給駭客提示的方向。

▲ 用戶登入錯誤時，所出現的錯誤提示

二、更改登入頁面網址

WordPress 的預設登入頁面的網址都是「wp-login.php」，所以駭客連猜都不用猜，直接就可以進行攻擊。有鑑於此，更改登入頁面的網址也可以保護你的網站，讓它不容易被駭客暴力破解。

1 在 WordPress 管理後台中，點擊左欄選單的「外掛」，再點擊「安裝外掛」。

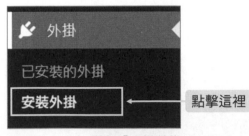

▲ 點擊「安裝外掛」

2 在關鍵字搜尋欄中，搜尋「Hide Login」，找到「WPS Hide Login」外掛後，點擊「立即安裝」，安裝完畢後再予以啟用。

▲ 點擊「立即安裝」

3 在左欄選單中，點擊「設定」，再點擊「WPS Hide Login」。

▲ 點擊「WPS Hide Login」

4 在「登入網址」欄位中，設定新的登入頁面網址名稱，名稱為自由輸入，可用英文、數字交叉組合。

在「重新導向網址」欄位中，設定舊的登入頁面重定向網址，再點擊「儲存設定」。

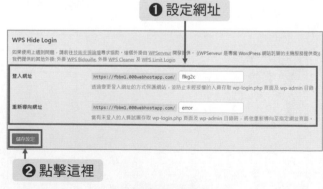

▲ 點擊「儲存設定」

5 開啟瀏覽器，輸入網址，就可以看到用戶登入介面了。

❶ 輸入網址

❷ 進入登入頁面

▲ 用戶登入介面

6 連結至 WordPress 預設的登入網址，或是至原本的「wp-login.php」頁面中，該頁面會顯示「很抱歉，找不到符合條件的頁面。」或「Oops! That page can't be found.」的訊息。

❶ 原始網址

❷ 已無登入頁面

▲ 顯示「很抱歉，找不到符合條件的頁面。」

5-3 啟用雙重登入驗證功能，保護用戶帳號安全

雙重登入驗證是目前許多大型公司所信任的安全方式，像是 Facebook 也有這樣的機制。

雙重登入驗證就是讓管理員登入時，除了輸入登入的密碼以外，還需要輸入一個有時間限制的安全驗證碼，而每個用戶的驗證碼都是不一樣的，通常每 60 秒會更換一次，所以也不容易被破解。

一、在 WordPress 添加雙重登入驗證機制

1 在 WordPress 管理後台中，點擊左欄選單的「外掛」，再點擊「安裝外掛」。

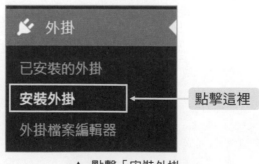

點擊這裡

▲ 點擊「安裝外掛」

2 在關鍵字搜尋欄中，搜尋「Two Factor」，找到「Two Factor Authentication」外掛後，點擊「立即安裝」，安裝完畢後再啟用。

▲ 點擊「立即安裝」

3 接著，再點擊左欄選單的「兩步驟驗證」。

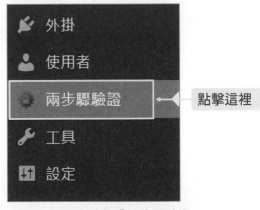

▲ 點擊「兩步驟驗證」

4 在設定頁面中選擇「啟用」，再點擊「儲存設定」。

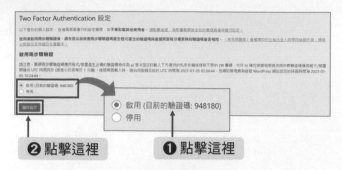

▲ 點擊「儲存設定」

5 再來，在「進階設定」項目中，選擇「TOTP」，也就是驗證碼會依據不同的時間而改變。

最後，再點擊「儲存設定」。

▲ 點擊「儲存設定」

6 另外，在「設定方式」中，也會看到 QR Code 和安全金鑰，這個需要在手機上安裝「Google Authenticator」的應用程式來掃描 QR Code，或是使用安全金鑰來設定。

▲ QR Code 與安全金鑰

7 在手機裡安裝「Google Authenticator」應用程式。

Google Play：

https://play.google.com/store/apps/details?id=com.google.android.apps.authenticator2

▲ Google Play 的 Google Authenticator 位置 QrCode

iOS：

https://apps.apple.com/tw/app/google-authenticator/id388497605

▲ iOS 的 Google Authenticator 位置 QrCode

▲ 點擊「安裝」

8 開啟 APP 後，點擊「開始設定」。

▲ 點擊「開始設定」

9 點擊「掃描 QR 圖碼」，之後，掃描在 WordPress 的兩步驟驗證設定頁面中的 QR Code，就可以將帳戶新增進去了。

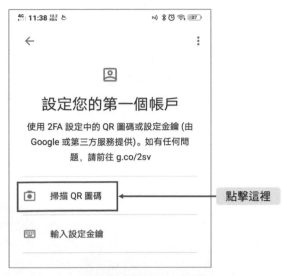

▲ 點擊「掃描 QR 圖碼」

二、如果手機不見了怎麼辦？

身邊沒有手機的話，也可以安裝 Chrome 擴展外掛：

1 至 Chrome 線上應用程式商店中，找到「Authenticator」外掛，點擊「加到 Chrome」。

Authenticator 位置：

https://chrome.google.com/webstore/detail/authenticator/bhghoamapcdpboh phigoooaddinpkbai

▲ 點擊「加到 Chrome」

▲ Authenticator 位置 Qrcode

2 在彈出的視窗中，點擊「新增擴充功能」。

▲ 點擊「新增擴充功能」

3 點擊瀏覽器中的「Authenticator」按鈕，再點擊「掃描 QR 碼」按鈕。

▲ 點擊「掃描 QR 碼」按鈕

4 將 Authenticator 設定頁面中的 QrCode 掃描起來。

▲ 掃描 QrCode

5 在跳出的小視窗中，點擊「確定」，私密金鑰新增成功。

▲ 點擊「確定」

6 但由於掃描 QR 碼不是每台電腦或每個設備都能支援，會出現不能辨識的錯誤，因此就必須改成手動輸入金鑰的方式。

點擊瀏覽器中的「Authenticator」按鈕，再點擊編輯按鈕。

▲ 點擊「Authenticator」按鈕

7 點擊「+」符號。

▲ 點擊「+」

8 點擊「手動輸入」。

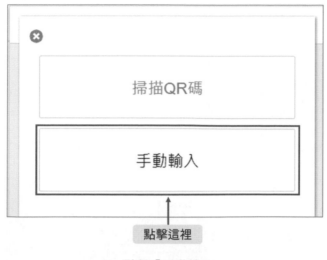

▲ 點擊「手動輸入」

9 輸入簽發方與金鑰。

簽發方可自行命名，採用容易辨識的帳號名即可。

而金鑰的欄位則是要回到「兩步驟驗證」的設定頁面中，找到私密金鑰（Base32 格式），將這一串號碼複製起來，貼入金鑰欄位中。

最後，再點擊「確定」。

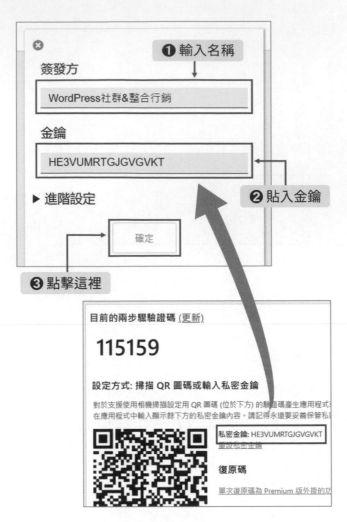

▲ 點擊「確定」

10 之後，當管理員每一次登入時，除了要先輸入帳號、密碼以外，還要輸
入兩步驟驗證碼。

❶ 帳號登入

❷ 進行驗證

▲ 輸入兩步驟驗證碼

11 要將瀏覽器的擴充程式開啟，或是將手機上的 APP 開啟，輸入當時所出現的驗證碼。

▲ 輸入驗證碼

12 另外，還可以限定有哪些等級的用戶須使用雙重驗證來登入，回到「兩步驟驗證」的設定頁面中，點擊「請點擊這裡，為影響範圍為全站的管理員選項進行設定」的連結文字。

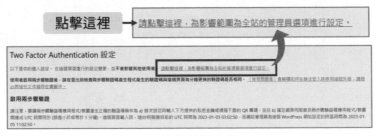

▲ 點擊連結文字

13 選擇用戶角色，如「Administrator」，也就是管理員的角色，而後點擊「儲存設定」。

以最低的安全性來說，至少要設置凡具有管理員身份的用戶，都要啟用兩步驟驗證，而一般用戶則可以不使用兩步驟驗證。

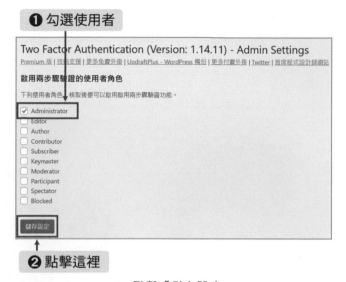

▲ 點擊「儲存設定」

第 **6** 章

檔案保護配置：
WordPress 檔案權限
設置，降低安全威脅

6-1 確保檔案權限設置正確，確保系統的安全性

WordPress 針對資料夾與檔案，有其一套權限的設置規則，因而要盡可能保持正確的設置，若是隨意更改、設置，或是將檔案權限設置為最大的話，會帶來嚴重安全漏洞，讓駭客得以入侵管理員帳戶或整個伺服器，並任意添加惡意程式。

一般來說，每個檔案和目錄都可以設置權限，權限可以設置為哪些使用者或群組可以存取、寫入或執行該檔案。

使用者的身份可分為擁有者（Owner）、群組（Group）、其他人（Other）三種，每一種身份也各自擁有三種權限，也就是讀取（r）、寫入（w）、執行（x），並各有其代表的數字設置。

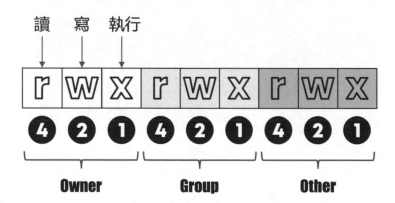

▲ 檔案權限分為三種

- r (read)：讀取權限，可以讀取檔案的內容，如讀取檔案的文字內容，數字是 4。

- w (write)：寫入權限，對檔案內容可以進行編輯、新增，或修改，數字是 2。

- x (execute)：執行權限，檔案可以被系統執行，數字是 1。

另外，權限還可以綜合起來，如可讀取可執行（rx=4+1=5）、可讀取可寫入（rw=4+2=6）、可讀取可寫入可執行 (rwx=4+2+1=7)。

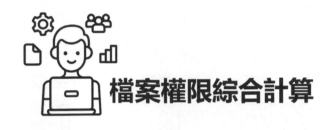

▲ 檔案權限綜合計算

舉例來說，如果是以 FTP 登錄來修改權限的話，通常會使用數字來設置，如 755、644…等，而各個數字所代表的含意為：

- 第一個數字：檔案擁有者的權限。

- 第二個數字：與檔案擁有者同屬群組的其他用戶的權限。

- 第三個數字：其他用戶的權限，為公共權限。

▲ 檔案數字代表意涵

像是 644 的權限代表的含意：

● 檔案擁有者可讀取、可寫入。

● 與檔案擁有者同屬群組的其他用戶，有可讀取的權限。

● 其他用戶也有可讀取的權限。

而以安全性來說，Web 伺服器要有能夠讓檔案擁有者擁有寫入檔案的權限，但絕對不希望會有公共權限，也就是不要讓其他用戶有隨意寫入檔案的權限。

▲ 檔案權限設置通則

一、WordPress 的檔案權限

在 WordPress 網站上，有很多不同的資料夾和檔案需要設置不同的權限，通常對資料夾的權限設置為 755，內部檔案設置為 644，這樣可以杜絕未經授權的訪問，另外，比較特別的是，wp-config.php 這個檔案，則要設置為 440 或 400。

具體的 WordPress 的檔案權限建議如下：

WordPress
檔案權限建議

相對路徑	權限
/	7 5 5
wp-includes	7 5 5
wp-admin	7 5 5
wp-admin/js	7 5 5
wp-content	7 5 5
wp-content/themes	7 5 5
wp-content/plugins	7 5 5
wp-content/uploads	7 5 5
.htaccess	6 4 4
wp-config.php	4 4 4
	4 4 0

▲ WordPress 檔案權限建議

二、更改檔案的權限

1　開啟「FileZilla Client」，點擊「站台管理員」旁邊的三角形符號，先前所建立的站點資料會在選單中出現，點擊站點名稱。

▲ 點擊站點名稱

2　輸入密碼，點擊「確認」。

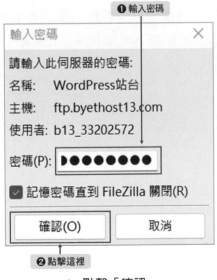

▲ 點擊「確認」

3 若沒有建立站點資料，也可以輸入主機位置或 IP、使用者名稱、密碼，以及連接埠，通常 FTP 的連接埠為 21，SFTP 的連接埠為 22，再點擊「快速連線」。但站點資料不會被儲存起來，當下一次再開啟 FileZilla Client 時，還要再重新輸入。

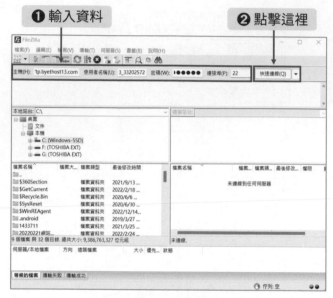

▲ 點擊「快速連線」

4 至 WordPress 的根目錄中，可以看到檔案的權限多半為 644，若要更改權限，在選定檔案後，則按下滑鼠右鍵，在選單中選擇「檔案權限」。

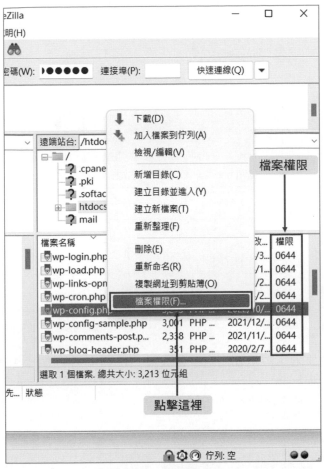

▲ 點擊「檔案權限」

5 可以直接輸入數值，或勾選讀取、寫入、執行的個別權限，再點擊確定。

例如要將「wp-config.php」的權限改為 440，在「數值」欄位中，就輸入「440」，只授與「讀取」的權限，而後再點擊「確定」。

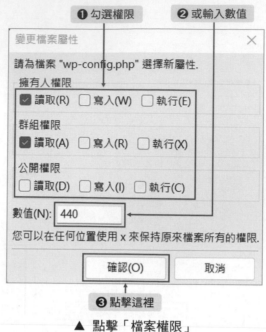

▲ 點擊「檔案權限」

6 資料夾的權限，也是在選定資料夾後，依照上述的方式更改即可。

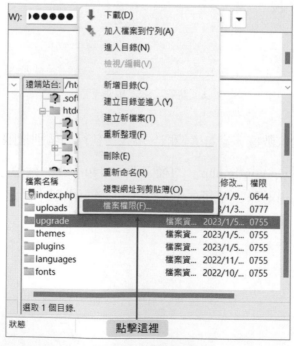

▲ 點擊「檔案權限」

控管檔案目錄權限，深化機敏資料防護

不要讓目錄有被瀏覽的機會，也就是禁用目錄瀏覽權限，否則等於是讓檔案公然顯示給駭客知道。

想知道目錄瀏覽權限是否禁用，可以先在 WordPress 根目錄底下，創建一個「test」的資料夾。

1 開啟「FileZilla Client」，進入 WordPress 根目錄中，不要選擇任何檔案或資料夾，而是至空白處按下滑鼠右鍵，選擇選單中的「新增目錄」。

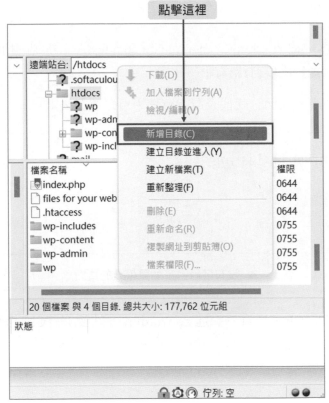

▲ 點擊「新增目錄」

2 將新目錄名稱改為「test」，再點擊「確認」。

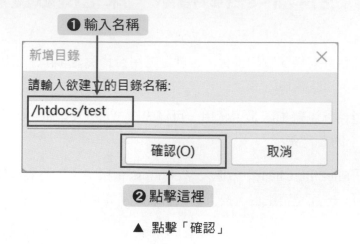

▲ 點擊「確認」

3 在瀏覽器中輸入「https://yourdomain.com/test」（網站網址 /test），來查看是否能夠出現目錄頁面。

若出現以下的畫面，就代表還沒有禁用目錄瀏覽權限。

▲ 沒有禁用目錄瀏覽權限的頁面

4 開啟「FileZilla Client」，進入 WordPress 站點的根目錄底下，找到「.htaccess」檔案，將檔案下載下來。

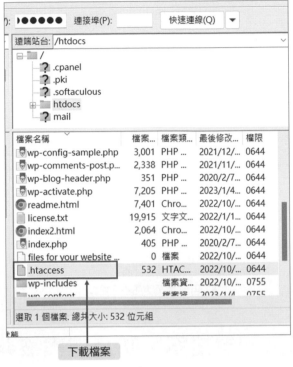

▲ 下載「.htaccess」

5 以「PSPad editor」工具或其他的程式編輯工具,將「.htaccess」檔案開啟,找到「# END WordPress」,並在這一行程式碼之前,加入「Options All -Indexes」這一串程式碼,再將檔案儲存起來。

```
1
2 # BEGIN WordPress
3 # 在含有 BEGIN WordPress 及 END WordPress 標記的這兩行間的指示詞內容為動態產生,
4 # 且應僅有 WordPress 篩選器能進行修改。對這兩行間任何指示詞內容的變更,
5 # 都會遭到系統覆寫。
6 <IfModule mod_rewrite.c>
7 RewriteEngine On
8 RewriteRule .* - [E=HTTP_AUTHORIZATION:%{HTTP:Authorization}]
9 RewriteBase /
10 RewriteRule ^index\.php$ - [L]
11 RewriteCond %{REQUEST_FILENAME} !-f
12 RewriteCond %{REQUEST_FILENAME} !-d
13 RewriteRule . /index.php [L]
14 </IfModule>
15
16 Options All -Indexes
17
18 # END WordPress
```

加入程式碼

▲ 加入程式碼

6 回到瀏覽器中，重新整理一次頁面，就可以看到目錄瀏覽權限已經被禁用了。

403. Forbidden.
The website can be reached and process the request but refuses to take any further action.

▲ 目錄瀏覽權限已被禁用

6-3　保護配置檔案，防止檔案被非法訪問

一、wp-config.php 的安全措施

「wp-config.php」是 WordPress 的設定配置檔案，裡面包含資料庫用戶名和密碼等重要訊息，因此，它也必須受到保護。

另外，之前也有提到過，wp-config.php 檔案的權限，也要設置成 440 或 400。

針對 wp-config.php 的安全措施，所要採取的方式為：

1 開啟「.htaccess」檔案，在 #BEGIN WordPress 和 #END WordPress 之間，貼入以下這串語碼後，再重新上傳，覆蓋掉原本的檔案：

```
<files wp-config.php>
order allow,deny
deny from all
</files>
```

加入程式碼

```
1
2 # BEGIN WordPress
3 # 在含有 BEGIN WordPress 及 END WordPress 標記的這兩行間的指示詞內容為動態產生，
4 # 且應僅有 WordPress 篩選器能進行修改。對這兩行間任何指示詞內容的變更，
5 # 都會遭到系統覆寫。
6
7
8 <files wp-config.php>
9 order allow,deny
10 deny from all
11 </files>
12
13
14 <IfModule mod_rewrite.c>
15 RewriteEngine On
16 RewriteRule .* - [E=HTTP_AUTHORIZATION:%{HTTP:Authorization}]
17 RewriteBase /
18 RewriteRule ^index\.php$ - [L]
19 RewriteCond %{REQUEST_FILENAME} !-f
20 RewriteCond %{REQUEST_FILENAME} !-d
21 RewriteRule . /index.php [L]
22 </IfModule>
23
24 Options All -Indexes
25
26 # END WordPress
```

▲ 加入程式碼

2 開啟「FileZilla Client」，進入至 WordPress 根目錄中，點選「 wp-config.php 」檔案，按下滑鼠右鍵，點擊選單中「檔案權限」。

點擊這裡

▲ 點擊「檔案權限」

3　再將權限數值設置成「440」或「400」，並點擊「確認」。

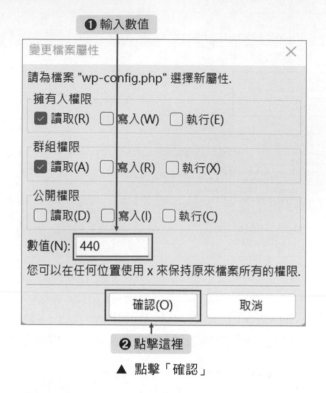

▲ 點擊「確認」

WordPress 安全金鑰

　　當用戶登錄 WordPress 時，電腦就會創建許多 cookie，用來驗證已登錄用戶的身份。

　　但是當駭客進到資料庫，或找到您的 cookie，就可能讀取密碼，使網站容易遭到攻擊。

　　而在 wp-config.php 裡，有一組安全金鑰，可以將存儲在資料庫或 cookie 中的身份驗證詳細訊息進行加密輸出。

　　但如果您常常使用公用電腦來登入 WordPress 的話，那麼這組金鑰最好要經常更改，以減少登入訊息洩露的風險。

　　那麼，要怎麼更改安全金鑰呢？

1 開啟 wp-config.php 檔案，就可以看到安全金鑰。

這組金鑰包含了隨機生成的 8 個變量，是在安裝 WordPress 時產生的，
可以讓 WordPress 的密碼更難以被暴力破解。

```
43  * Change these to different unique phrases! You can generate these using
44  * the {@link https://api.wordpress.org/secret-key/1.1/salt/ WordPress.org secret-key service}.
45  *
46  * You can change these at any point in time to invalidate all existing cookies.
47  * This will force all users to have to log in again.
48  *
49  * @since 2.6.0
50 */
51 define( 'AUTH_KEY',         'il2vo3fthiwcnt0tnkg6t7pzctbibi3hu3q3vpf7nuuanvkwiok10rlegtalttgn' );
52 define( 'SECURE_AUTH_KEY',  'ou4okjhpdd@siaebcxe4vgtsmox2oiabso7qizdghojj38wbch37lujkzqqiv5he' );
53 define( 'LOGGED_IN_KEY',    'nx0yylj7jiqcc7ebr63caeod17dgoersacw679zqhhbzthj3skwgenxfaypd2cpj' );
54 define( 'NONCE_KEY',        'ulqkbywu0gx5xdouirxs2wpxs8zimf4oxeiyappapnhqc3sdqaazcbyucedo1iyq' );
55 define( 'AUTH_SALT',        'tskikxoey8ieckxe79mwuphkl193wpapvq6yxbw9ynvjm6uktaegjhpj98n0dief' );
56 define( 'SECURE_AUTH_SALT', 'no7e8n302ppqnvfnboci0uw6ukmz5xpxylqe5xiibqalwvxsryxkrnmpje7xp4b' );
57 define( 'LOGGED_IN_SALT',   'x1amokdx9fjlafxcw55jimdauybyvkcdnlwnqxxrwaflmuiwtdg1m6t20iguod0o' );
58 define( 'NONCE_SALT',       '5dgrxtbqiwnoepy5zcn4rvrltnkd5yjzj9zr90bymf201vj0mggosls7hm1j4oh6' );
59
60 /**#@-*/
61
62 /**
63  * WordPress database table prefix.
64  *
```

▲ 安全金鑰的 8 個變量

2 以手動方式更新金鑰。

到以下網址：

https://api.wordpress.org/secret-key/1.1/salt

它每次會隨機生成一組金鑰，將它複製起來，貼入至 wp-config.php 的
金鑰位置中，再儲存起來就行了。

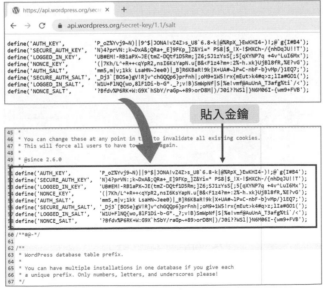

▲ 貼入安全金鑰

3 若不想使用手動更新，也可以採用定期更新的方式。

先至 WordPress 管理後台中，點擊左欄選單的「外掛」，再點擊「安裝外掛」。

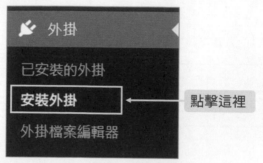

▲ 點擊「安裝外掛」

4 在關鍵字搜尋欄中輸入「Salt」，找到「Salt Shaker」外掛程式後，再點擊「立即安裝」，安裝完畢之後再啟用它。

▲ 點擊「立即安裝」

5 點擊左欄選單中的「工具」，再點擊「Salt Shaker」。

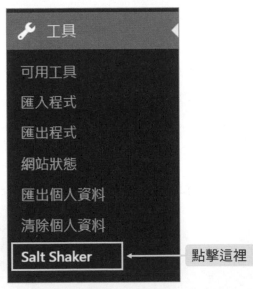

▲ 點擊「Salt Shaker」。

6 若是先前設定了 wp-config.php 檔案的權限，會出現無法寫入的通知訊息，因此必須再去修改檔案權限，將 Owner 的寫入權限開啟，也就是數值要設置為 644。

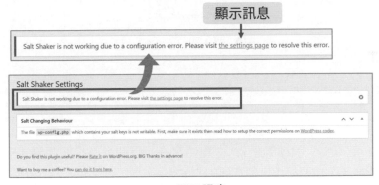

▲ 顯示訊息

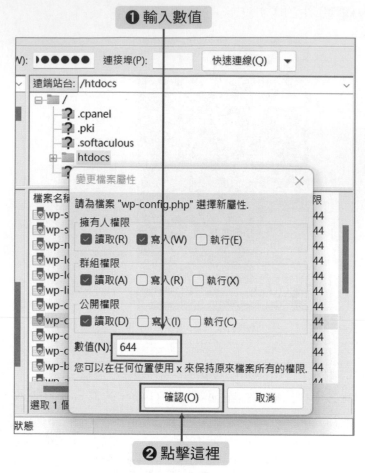

❶ 輸入數值

❷ 點擊這裡

▲ 數值設置為 644

⚡ 重點指引：

使用定期更新的方式，雖然比較方便，但「wp-config.php」就必須開啟寫入的權限才行，這同時也增加了一些風險存在，因此就必須要衡量，是要採取手動更新為佳，或是採用定期更新的方式。

7 更改完權限，將頁面再重新整理一次，就能夠進行設定了。

可以將金鑰設定成每天 / 每週 / 每月 / 每季 / 每半年更新一次（依自己的情況設定），而後再點擊「Change Now」，儲存設定。

❶ 設定更新頻率

Salt Shaker Settings

Salt Changing Behaviour

Changing WP Keys and Salts will force all logged-in users to login again.

Scheduled Change:

Set scheduled job for automated Salt changing:

☑ Change WP Keys and Salts on [Weekly ▾] Basis.

Immediate Change:

When you click the following button, WP keys and salts will change immediately. And you will need to login again.

[Change Now]

❷ 點擊這裡

Weekly ▾
Daily
Weekly
Monthly
Quarterly
Biannually

▲ 點擊「Change Now」

第 **7** 章

限制功能與權限：

部分功能禁止運行，
確保 WordPress 安全

禁用主題和外掛程式編輯功能，避免程式被竄改

WordPress 有內建的程式碼編輯器，讓你可以直接從 WordPress 編輯佈景主題或外掛檔案。但如果你不熟悉程式，最好將它關閉。

因為如果有駭客獲得了你的管理員帳號密碼，就可以藉由這個編輯器植入惡意程式碼，而不見得要進入伺服器才行。

1 在 WordPress 管理後台的左欄選單中，點擊「外觀」，再點擊「佈景主題檔案編輯器」。

▲ 點擊「佈景主題檔案編輯器」

2 在「佈景主題檔案編輯器」中,右欄是佈景主題的檔案列表,點擊檔案後,就會出現該檔案的程式碼,可以直接在編輯器裡編修。

▲ 佈景主題檔案編輯器佈局

3 另外,點擊左欄選單中的「外掛」,再點擊「外掛檔案編輯器」。

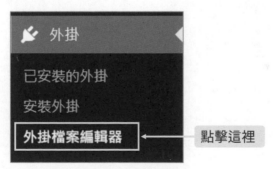

▲ 點擊「外掛檔案編輯器」

4 外掛檔案編輯器與佈景主題檔案編輯器的介面佈局是一樣的，也可以針對外掛檔案進行編修。

▲ 外掛檔案編輯器佈局

5 要禁用編輯器，必須將「wp-config.php」檔案開啟，在內容末端的位置，也就是「require_once ABSPATH . 'wp-settings.php';」程式碼底下，加入以下這串程式碼後，再儲存檔案：

```
// Disallow file edit
define( 'DISALLOW_FILE_EDIT', true );
```

```
87
88 /* That's all, stop editing! Happy publishing. */
89
90 /** Absolute path to the WordPress directory. */
91 if ( ! defined( 'ABSPATH' ) ) {
92     define( 'ABSPATH', __DIR__ . '/' );
93 }
94
95 /** Sets up WordPress vars and included files. */
96 require_once ABSPATH . 'wp-settings.php';
97
98 // Disallow file edit
99 define( 'DISALLOW_FILE_EDIT', true );
100
101
```

加入程式碼

▲ 加入程式碼

6　開啟「FileZilla Client」，輸入站台 SFTP 的主機、使用者名稱、密碼等
　　資料後，連線至伺服器，進入 WordPress 根目錄中，並將「wp-config.
　　php」檔案上傳至 WordPress 根目錄中，覆蓋掉原本的檔案。

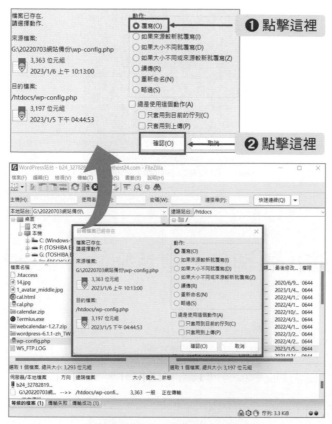

▲ 將檔案上傳，並覆蓋掉原始檔

7　重新整理頁面，後台的編輯器功能就都消失了。

▲ 編輯器功能已消失

 防止熱鏈接，避免網站資源被盜用

熱鏈接就是指駭客竊取了網站上的內容，一般都是以圖片為多，而後把圖片和 HTML 語法貼在駭客自己的網站上，如此一來，圖片的位置就會在他人的網站上，但卻會佔用您的伺服器頻寬。

開啟根目錄底下的「.htaccess」檔案，並添加以下程式碼：

```
# 在 WordPress 中預防圖片熱鏈接
RewriteCond %{HTTP_REFERER} !^$
RewriteCond %{HTTP_REFERER} !^http(s)?://(www\.)?你的網址.com .tw [NC]
RewriteCond %{HTTP_REFERER} !^http(s)?://(www\.)?google.com.tw [NC]
RewriteCond %{HTTP_REFERER} !^http(s)?://(www\.)?yahoo.com.tw [NC]
RewriteCond %{HTTP_REFERER} !^http(s)?://(www\.)?bing.com [NC]
RewriteCond %{HTTP_REFERER} !^http(s)?://(www\.)?其他網址.com [NC]
RewriteRule \.(jpg|jpeg|png|gif)$ - [F]
```

```
 94
 95 /** Sets up WordPress vars and included files. */
 96 require_once ABSPATH . 'wp-settings.php';
 97
 98
 99 // Disallow file edit
100 define( 'DISALLOW_FILE_EDIT', true );
101
102
103
104 #在WordPress中預防圖片熱鏈接
105 RewriteCond %{HTTP_REFERER} !^$
106 RewriteCond %{HTTP_REFERER} !^http(s)?://(www\.)?http://webcal0122352.byethost8.com/ [NC]
107 RewriteCond %{HTTP_REFERER} !^http(s)?://(www\.)?google.com.tw [NC]
108 RewriteCond %{HTTP_REFERER} !^http(s)?://(www\.)?yahoo.com.tw [NC]
109 RewriteCond %{HTTP_REFERER} !^http(s)?://(www\.)?bing.com [NC]
110 RewriteCond %{HTTP_REFERER} !^http(s)?://(www\.)?http://wpseoclass01.000webhostapp.com/ [NC]
111 RewriteRule \.(jpg|jpeg|png|gif)$ - [F]
112
113
```

加入程式碼

▲ 開啟根目錄底下的「.htaccess」檔案，加入程式碼

這串程式碼的作用，代表的是：阻止除了 Google、Yahoo、Bing 以外的網站訪問您的圖片，另外還有一行，是可以加入您允許的其他網站。

而在最後一行中，則是將熱鏈接防護的規則，包括 jpg、jpeg、png、gif 這幾種格式的圖檔，都列在保護的範圍內。當然，也可以再添加其他的圖檔格式，或是刪除其中的項目。

還有，記得要將網址替換成自家網站的網址。

輸入自家網址

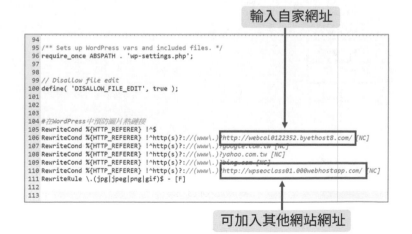

可加入其他網站網址

▲ 替換成自家網站的網址

7-3 部分目錄禁用 PHP，杜絕駭客上傳惡意程式碼

如果駭客入侵了網站，那麼他可能會在某個資料夾內執行 PHP 惡意程式碼。因此，在不需要的目錄中，禁用 PHP，可以做好第一線防護，就算被入侵，也能保護網站不會發生嚴重後果。

而要禁用 PHP 的資料夾有：wp-includes 和 uploads。

1 開啟「.htaccess」檔案，並加入以下的程式碼，將檔案儲存。

```
<Files *.php>
deny from all
</Files>
```

```
1
2 # BEGIN WordPress
3 # 在含有 BEGIN WordPress 及 END WordPress 標記的這兩行間的指示詞內容為動態產生，
4 # 且應僅有 WordPress 篩選器能進行修改。對這兩行間任何指示詞內容的變更，
5 # 都會遭到系統覆寫。
6 <IfModule mod_rewrite.c>
7 RewriteEngine On
8 RewriteRule .* - [E=HTTP_AUTHORIZATION:%{HTTP:Authorization}]
9 RewriteBase /
10 RewriteRule ^index\.php$ - [L]
11 RewriteCond %{REQUEST_FILENAME} !-f
12 RewriteCond %{REQUEST_FILENAME} !-d
13 RewriteRule . /index.php [L]
14 </IfModule>
15
16 <Files *.php>
17 deny from all
18 </Files>
19
20
21 # END WordPress
22
23
24
25
```

加入程式碼

▲ 加入程式碼

2 將「.htaccess」檔案分別上傳至 wp-includes 和 /wp-content /uploads 兩個資料夾中。

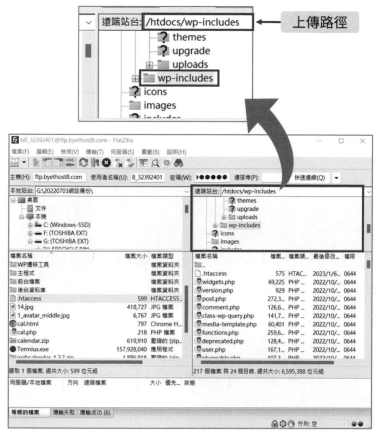

▲ 上傳至 wp-includes 資料夾

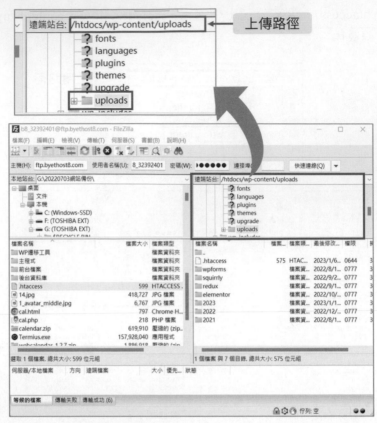

▲ 上傳至 /wp-content /uploads 資料夾

第 **8** 章

資料庫強化：
防止 SQL 注入攻擊，
保護敏感數據

8-1 **為資料庫設定強密碼，防止未經授權的訪問和資料洩露**

　　和 WordPress 管理後台一樣，一開始安裝時，資料庫的密碼就應該使用強式密碼，密碼設定的原則最基本的為 8 個字元以上，並以大、小寫英文字母和數字來穿插，以增加複雜度。

　　一般來說，虛擬主機大多會使用 cPanel 控制台來管理，而在 cPanel 的介面中，設置資料庫密碼時，會有密碼強度檢測器來計算所輸入的密碼強度，協助用戶保持網路安全。

　　若不知道要設定什麼密碼，也可以點擊「Password Generator」，隨機產生一組密碼。

▲ 點擊「Password Generator」

　　在隨機產生的密碼中，會以符合強式密碼為原則，以英文大小寫、數字、符號來穿插。

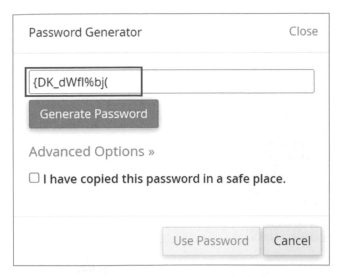

▲ 產生的密碼會符合強式密碼的原則

　　但要是發現網站疑似有被駭客入侵的跡象，最好能夠對資料庫的密碼重新更改，作為最基礎的第一道防線，以避免駭客再度入侵。

　　以 cPanel 控制台為例，找到管理資料庫的區塊「Databases」，點擊「MySQL Databases」。

▲ 點擊「MySQL Databases」

找到資料庫的使用者，點擊「Change Password」，就可以更改密碼了。

▲ 點擊「Change Password」

輸入新設定的密碼，並檢查是否符合強式密碼，再點擊「Change Password」。

▲ 點擊「Change Password」

更改完資料庫的密碼後，還需要編輯 WordPress 的配置檔，將 wp-config.php 下載下來，以程式編輯器開啟後，找到「DB_PASSWORD」這一行程式碼，貼入新密碼，存檔後上傳至 WordPress 根目錄底下，覆蓋原本的檔案，如此網站才能正常運作。

貼入新密碼

```
20
21 // ** Database settings - You can get this info from your web host ** //
22 /** The name of the database for WordPress */
23 define( 'DB_NAME', 'b8_32392401_wp410' );
24
25 /** Database username */
26 define( 'DB_USER', '32392401_1' );
27
28 /** Database password */
29 define( 'DB_PASSWORD', 'svcG)b2k6wDJ*LE)bnpj)Jc' );
30
31 /** Database hostname */
32 define( 'DB_HOST', 'sql307.byetcluster.com' );
33
34 /** Database charset to use in creating database tables. */
35 define( 'DB_CHARSET', 'utf8mb4' );
36
37 /** The database collate type. Don't change this if in doubt. */
38 define( 'DB_COLLATE', '' );
39
40 /**#@+
41 * Authentication unique keys and salts.
```

▲ 貼入新密碼

修改預設資料表前綴，增加資料庫安全性

預設情況下，WordPress 資料庫的所有資料表，都是用 wp_ 作為開頭，但這樣很容易被駭客找到檔名，並進行攻擊。

可以看到，沒有更改預設值的 WordPress 資料庫，每個資料表名稱都是以 wp 為開頭。

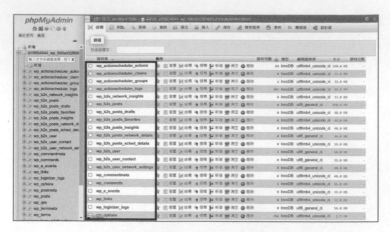

▲ 資料表名稱以 wp 為開頭

如果您正準備安裝 WordPress，可以在安裝時就先進行更改，而資料表前置詞的名稱，建議改輸入其他的英、數字作為開頭。

▲ 更改資料表前置詞

但如果您已經安裝了，也沒有關係，可以利用外掛程式來修改資料表開頭，而修改好資料表開頭後，就能將該外掛程式移除，不需要留在 WordPress 中。

1 在 WordPress 管理後台中，點擊左欄選單的「外掛」，再點擊「安裝外掛」。

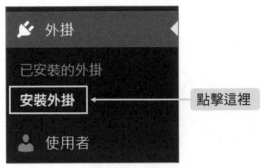

▲ 點擊「安裝外掛」

2 以關鍵字搜尋「DB Prefix」，找到「Brozzme DB Prefix & Tools Addons」外掛後，點擊「立即安裝」，安裝完畢後再啟用它。

▲ 點擊「立即安裝」

3 點擊左欄選單的「工具」，再點擊「DB PREFIX」，就可以進行修改。

▲ 點擊「DB PREFIX」

4 修改之前，先將 wp-config.php 檔案的權限暫時更改為可寫入狀態。因為在更改資料表名稱的同時，WordPress 設置檔也需要一併更改，以避免資料庫串連錯誤。

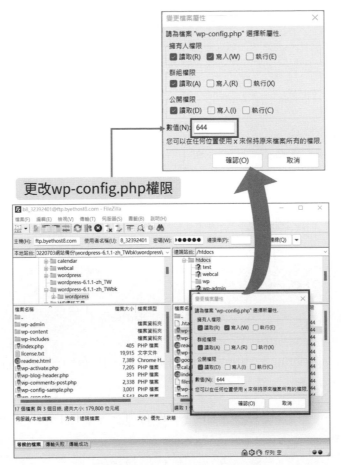

▲ 更改 wp-config.php 檔案權限

5 回到 WordPress 管理後台中，在「DB PREFIX」設定介面中，找到「New Prefix」欄位，進行新的資料表開頭的命名，再點擊「Change DB Prefix」。

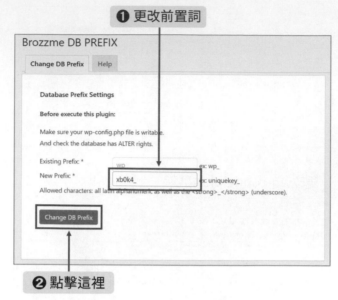

▲ 點擊「Change DB Prefix」

6　這時候再進到 phpAdmin 中，就可以看到，所有資料表的開頭名稱都已經更換了。

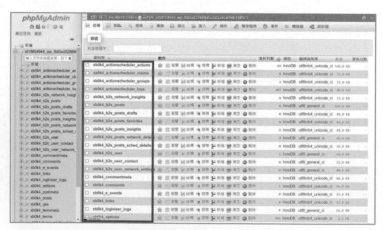

▲ 資料表的開頭名稱已更換

7. 如果也開啟 wp-config.php 檔案的話，也可以看到，在 \$table_ prefix 這一串程式碼中，資料表的開頭已經改為新命名的名稱了。

```
60 /**#@-*/
61
62 /**
63  * WordPress database table prefix.
64  *
65  * You can have multiple installations in one database if you give each
66  * a unique prefix. Only numbers, letters, and underscores please!
67  */
68 $table_prefix = 'xb0k4_';
69
70 /**
71  * For developers: WordPress debugging mode.
72  *
73  * Change this to true to enable the display of notices during development.
74  * It is strongly recommended that plugin and theme developers use WP_DEBUG
75  * in their development environments.
76  *
77  * For information on other constants that can be used for debugging,
78  * visit the documentation.
79  *
```

▲ 資料表的開頭已改為新名稱

 重點指引：

如果不是使用外掛程式來修改資料表開頭名稱，而是自行修改的話，那麼在修改完資料表後，也要開啟 wp-config.php 檔案，在 \$table_ prefix 這一行程式碼中，一併修改成新的資料表開頭名稱。

8-3 限制資料庫使用者的權限，減輕潛在攻擊

　　如果是使用免費的虛擬主機，通常都是一個 WordPress 資料庫，對應一個 MySQL 使用者，並且擁有存取和修改這個資料庫的權限，也不能新增其他的 MySQL 使用者，比較沒有大問題發生。

　　以 000Webhost 免費伺服器來說，資料庫的使用者只有一個，且不能新增。

　　使用者名稱是隨機產生的。

使用者名稱為隨機產生

▲ 000Webhost 免費伺服器的資料庫使用者名稱

　　或者是像 Byehost 免費伺服器，資料庫使用者也只有一個，也不能新增。

　　使用者名稱和虛擬主機管理後台的管理員名稱是相同的，都是在註冊時就隨機產生的。

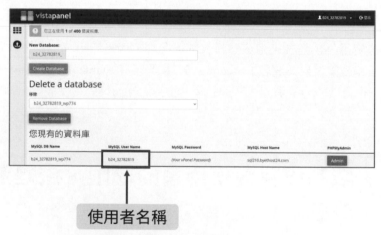

使用者名稱

▲ Byehost 免費伺服器的資料庫使用者名稱

　　但若是使用付費虛擬主機商提供的虛擬主機，有的主機商在 cPanel 控制台中，也會給予管理員新增 MySQL 使用者的權力，這時建議不要再新增其他的 MySQL 使用者，否則可能會因為權限設置不當而給資料庫帶來隱憂。

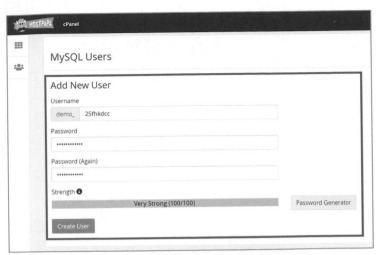

▲ 有些付費虛擬主機的方案中，是允許管理員新增資料庫使用者的

　　而要是將 WordPress 安裝在獨立伺服器上時，且該伺服器上，也有公司其他的網站或 WordPress 網站存在時，請記得，為 WordPress 建立獨立的 MySQL 使用者，並單獨設定權限，也就是一個 WordPress 網站對應一個 MySQL 使用者，而不要所有的網站都使用同一個 MySQL 使用者，尤其更不要使用「root」（MySQL 預設的總管理員，擁有最大權限）來作為資料庫連線的使用者。

　　一般來說，MySQL 使用者只需授與讀取和寫入資料庫的權限，就足夠負荷 WordPress 網站的基本操作與維護。

SELECT	選擇
INSERT	插入
UPDATE	更新
DELETE	刪除

▲ WordPress 資料庫的使用者權限建議

而以下這些權限是可以不用授與給 MySQL 使用者的：

DROP	刪除資料庫或資料表
ALTER	更改資料表
GRANT	賦予資料庫或資料表權限

▲ WordPress 資料庫的使用者權限移除建議

　　不過有時候，WordPress 主版本的升級會需要用到這些權限（例如要修改某個資料表），因此可以在需要的時候再設置就好，平常不需要授與權限。

第 **9** 章

安全防護工具：

使用 WordPress 安全配置外掛，防範高級攻擊

9-1　如何選擇安全防護外掛程式？

WordPress 的安全外掛高達數千個，但都有各自偏重的防護功能，沒有一個能 100％完整的保護網站與伺服器不被入侵，尤其是免費版的外掛。

也因為駭客入侵的方式五花八門，且技術日新月異，所以必須思考各種防禦方式，不可能只靠一套外掛就可完全防護，但也不能把所有的防禦外掛都安裝上，否則系統效能會無法負荷。

那麼，到底要選擇哪些安全防護外掛來加強網站的防護力呢？根據 WordPress 的安全外掛功能，可以分成：預防型、檢測型、審計型、實用型這四類，其防護特性與缺點分析如下：

防 護 特 性

❶ 網站的外圍防禦。

❷ 過濾進入網站的流量來阻擋駭客攻擊。

❸ 僅限於應用程式層的工作。

❹ 駭客觸及WordPress程式時才予以保護。

缺 點

✓ 無法阻止對伺服器的攻擊。

▲ 預防型安全防護特性與缺點

檢測型 安全防護

防護特性

❶ 對網站檔案完整檢查以識別入侵者。

❷ 掃描潛在危害。

❸ 會對之前安裝的網站進行掃描。

❹ 會比對網站檔案是否被更改。

缺點

✔ 有效性取決於安裝順序，若入侵後才安裝外掛,恐無法將被竄改的檔案比對出來。

▲ 檢測型安全防護特性與缺點

監控型 安全防護

防護特性

❶ 監控LOG檔案，隨時掌握異常事件。

❷ 掌握網站發生的事件，以此發現異常行為。

❸ 監控正在發生的變化，是何時進行變更的。

缺點

✔ 管理者必須時時監控、並做準確的判斷，非設定完就結束工作。

▲ 監控型安全防護特性與缺點

防護特性

1 有多樣性的安全設置。

2 可以設置特定細節。

3 可以解決特定的安全功能。

缺點

✔ 只針對特定項目，沒有全面性的防護。

▲ 工具型安全防護特性與缺點

而根據不同的需求，所適合的安全防護外掛為：

**為了獲得最佳防護功能
可使用的外掛：**

1 Sucuri Security

2 SecuPress

3 Jetpack

4 iThemes Security

5 Shield Security

▲ 為了獲得最佳防護功能可使用的外掛

需要免費的安全防護可使用的外掛：

❶ All In One WP Security & Firewall

❷ Sucuri Security (free version)

❸ Wordfence Security

▲ 需要免費的安全防護可使用的外掛

適合初學者的安全防護可使用的外掛：

❶ All In One WP Security & Firewall

❷ Security Ninja

❸ Defender

▲ 適合初學者的安全防護可使用的外掛

需要進階暴力攻擊保護可使用的外掛：

❶ WP fail2ban

❷ Astra

▲ 需要進階暴力攻擊保護可使用的外掛

需要好操作的設定介面
可使用的外掛：

❶ SecuPress

❷ VaultPress

▲ 需要好操作的設定介面可使用的外掛

9-2　安全防護外掛的主流功能有哪些？

在安裝安全防護外掛之前，最好對外掛的功能有個基本的概念，通常主流的外掛程式，會針對安全性提供不同的功能，有的外掛甚至多達 30 多種功能，有的外掛則十分陽春，因此，在選擇外掛時，不管採用的是哪一種類型，至少要留意目前安全防護程式的幾個主流功能，是絕對不可缺少的：

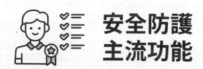

安全防護
主流功能

❶ 強制使用強密碼

❷ 強制密碼過期並重設

❸ 用戶操作記錄

❹ 更新WordPress安全密鑰

❺ 惡意軟體掃描

❻ 雙重驗證

❼ 暴力攻擊防護

❽ 安全加固

9　IP白名單設置

10　IP黑名單監控

11　主動安全監控

12　文件更改日誌

13　檔案掃描

14　監控DNS更改

15　阻止惡意網路

16　查看訪問者的WHOIS訊息

▲　安全防護主流功能

 # WordPress 網站安全防護工具的最佳配置方法

　　「iThemes Security」是目前最受歡迎的 WordPress 安全外掛之一，現在，就透過實際的操作與演練，來進一步了解網站的安全設置。

一、基礎設置

1　點擊 WordPress 管理後台左欄選單的「外掛」，再點擊「安裝外掛」。

　　點擊這裡

▲　點擊「安裝外掛」

2 在關鍵字欄搜尋「iThemes」，找到「iThemes Security」外掛後，點擊「立即安裝」，安裝完畢之後再啟用。

▲ 點擊「立即安裝」

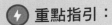 重點指引：

「iThemes Security」外掛程式對於伺服器的 PHP 版本有所要求，至少為 PHP7.3 以上或更新版本，若版本不相符，則會出現無法安裝的訊息。需進一步聯絡伺服器廠商更新 PHP 版本。

▲ 出現無法安裝的訊息

3 　點擊左欄選單的「Security」，再點擊「Setup」。

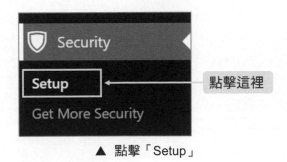

▲ 點擊「Setup」

4 一開始若不太會設定，可以跟著導引的指示，先選擇網站的屬性類型。

▲ 選擇網站屬性類型

5 將「Security Check Pro」啟用，透過安全檢查，可以自動啟用和配置網站所需的的安全功能。選擇好之後，再點擊「Next」。

▲ 啟用「Security Check Pro」

6 選擇是為自己的網站做安全防護的設定，或是為客戶進行設定。先選擇「SELF」。

▲ 選擇「SELF」

7 勾選指派的角色，亦即有哪些用戶組會在 Security 的安全防護範圍內。勾選完畢後再點擊「Next」。

沒有勾選的用戶組，為網站沒有使用到的角色，會在之後的步驟中將該用戶組刪除。

實際所需保留的用戶組，可依照網站實際運營情況而定，但原則上網站所有的用戶，不管區分為多少個用戶組，都要歸屬在 Security 的安全防護範圍內。

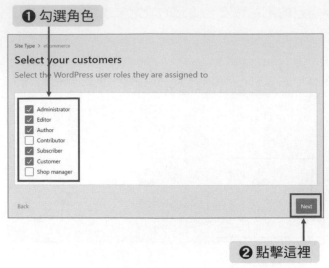

▲　勾選指派的角色

8　是否需要要求用戶使用強密碼策略。為了保護網站用戶的帳號安全，最好要將該項目予以啟用。而後，再繼續點擊「Next」。

▲　啟用強密碼策略

9 選擇想要啟用的安全功能。這裡總共有 5 項，前三項的預設值為勾選狀態，因此，還需將「Site Scan Scheduling」項目勾選起來。

而「Two-Factor」為兩步驟驗證，若先前已有設定過兩步驟驗證則該項目可以略過，不需要勾選，或是將先前所安裝過的兩步驟驗證外掛程式移除，而啟用「iThemes Security」的兩步驟驗證功能，避免外掛程式彼此產生衝突。

而若還未設定過兩步驟驗證的話，也要予以啟用。勾選好之後，再點擊「Next」。

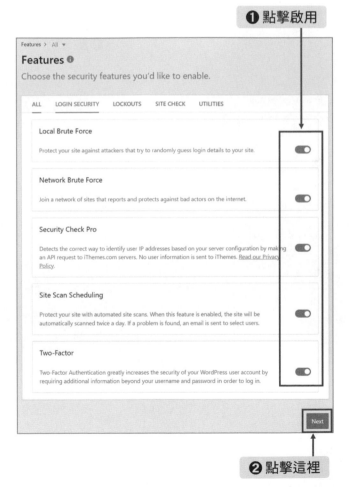

▲ 啟用安全功能

10 以下只是將所有的安全功能再依照分類呈現，都可直接點擊「Next」。

❶ 點擊這裡

❷ 點擊這裡

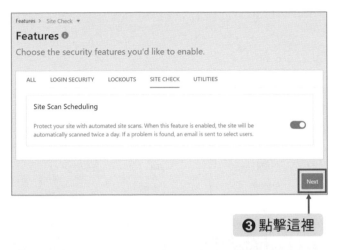

❸點擊這裡

▲ 連續點擊「Next」

11 User Groups 可以根據用戶進行分類，啟用相應的安全設置，選擇「DEFAULT」，以預設值自動分類。

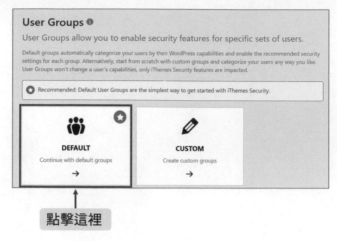

▲ 選擇「DEFAULT」

12 「Customers」顧客組，只開放強密碼的功能，而不要授與全局設定和面板設定的權限，而後再點擊「Next」。

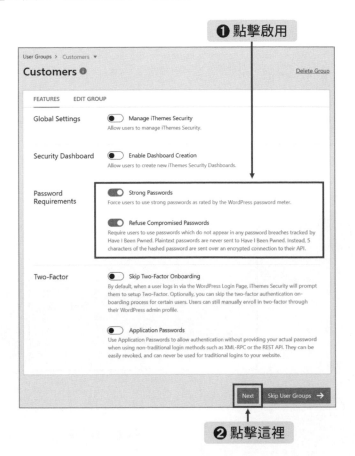

▲ 點擊「Next」

13 「Administrators」管理員擁有最高的權限，因此全局設定、面板設定的權限、強密碼的功能都予以啟用，接著再點擊「Next」。

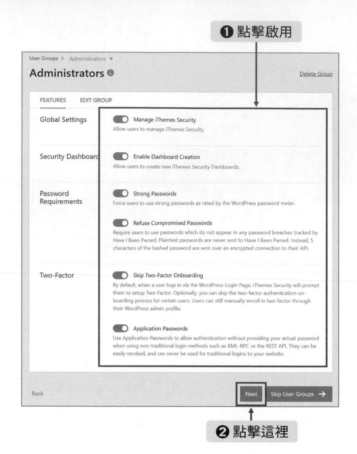

▲ 點擊「Next」

14 接下來的「Editors」編輯組、「Authors」作者組、「Contributors」投稿組，開放強密碼與兩步驟驗證的功能，全局設定和面板設定的權限都不授與。

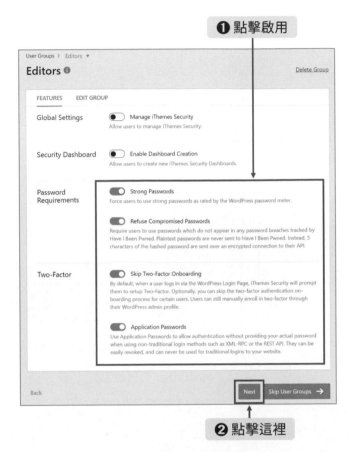

▲ 「Editors」編輯組設定

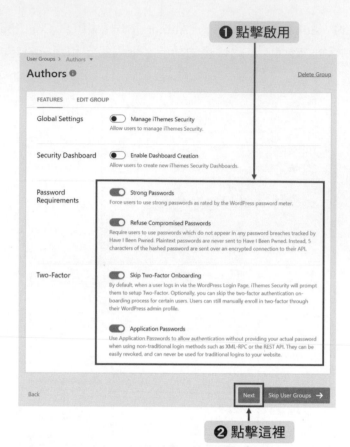

▲ 「Authors」作者組設定

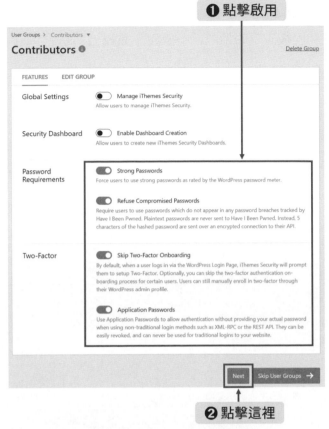

▲ 「Contributors」投稿組設定

15 對於不需要的用戶組，也可以點擊右上角的「Delete Group」，將該用戶組予以刪除。

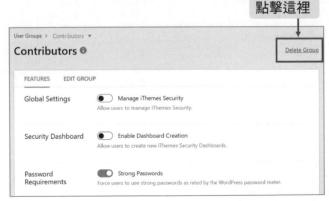

▲ 點擊右上角「Delete Group」

16　「Everybody Else」其他用戶組，一樣只開放強密碼的功能，兩步驟驗證、
全局設定和面板設定的權限都不授與，並繼續點擊「Next」。

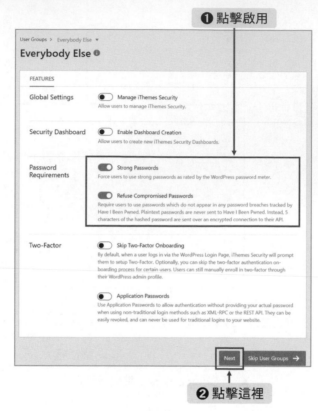

▲ 點擊「Next」

17　點擊「RECOMMENDED」，外掛會針對網站推薦重要的設置。

▲ 點擊「RECOMMENDED」

18 點擊「Add my current IP to the authorized hosts list」，將 IP 加入列表，那麼該主機 IP 就不會被 iThemes Security 鎖定，可以將管理員的 IP 加入，避免被誤鎖而無法進入後台。

另外，在「IP Detection」IP 檢測中，維持預設的推薦設置，並且可以點擊「Check IP」來檢視目前所使用的 IP，再接著點擊「Next」。

▲ 點擊「Next」

19 在「API Configuration」中設置 Email，並勾選要接收最新安全漏洞的報告通知，再點擊「Next」。

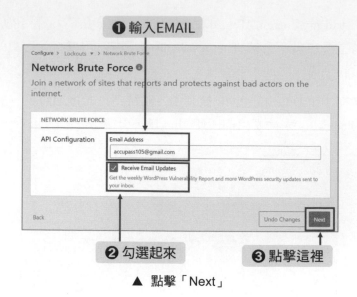

▲ 點擊「Next」

20 輸入所要接收 iThemes Security 發送通知的 EMAIL，以及勾選接收通知用戶組，再點擊「Continue」。

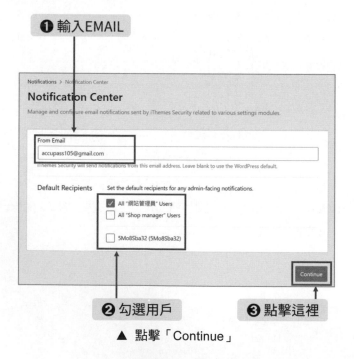

▲ 點擊「Continue」

21 確認所有的設定，若沒有需要修改的話，就點擊「Secure Site」。

Secure Site
Click finish to secure your site.

Overview

∨ **Enable Features**

∨ **Configure Settings**

∨ **Create User Groups**

∨ **Setup User Group Settings**

Secure Site

↑
點擊這裡

▲ 點擊「Secure Site」

22 iThemes Security 會針對設定予以檢查，若沒有問題產生的話，會出現藍色勾號，再點擊「Finish」，完成設定。

Secure Site
Your site has been secured.

Overview

∨ **Enable Features**　　　　　　　　　　　　　　　⊘

∨ **Configure Settings**　　　　　　　　　　　　　⊘

∨ **Create User Groups**　　　　　　　　　　　　　⊘

∨ **Setup User Group Settings**　　　　　　　　　⊘

Finish

↑
點擊這裡

▲ 點擊「Finish」

23 點擊「Dashboard」，回到 iThemes Security 設定儀表版中。

▲ 點擊「Dashboard」

24 在儀表板的「Site Scans」區塊中，點擊「Scan Now」，可以立即為網站做安全總體檢。

▲ 點擊「Scan Now」

25 掃描結果會顯示目前的網站是否有安全漏洞存在，若視窗彈跳出的都是「Clean」的狀態，代表網站一切良好，只要持續監控即可。

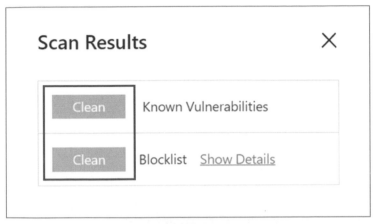

▲ 點擊「Clean」

26 點擊左欄選單的「Security」，再點擊「Settings」。

▲ 點擊「Settings」

27 除了先前所開啟的五項安全功能以外，又多了前四項安全功能可供使用。建議也是要全部開啟，加強防護。

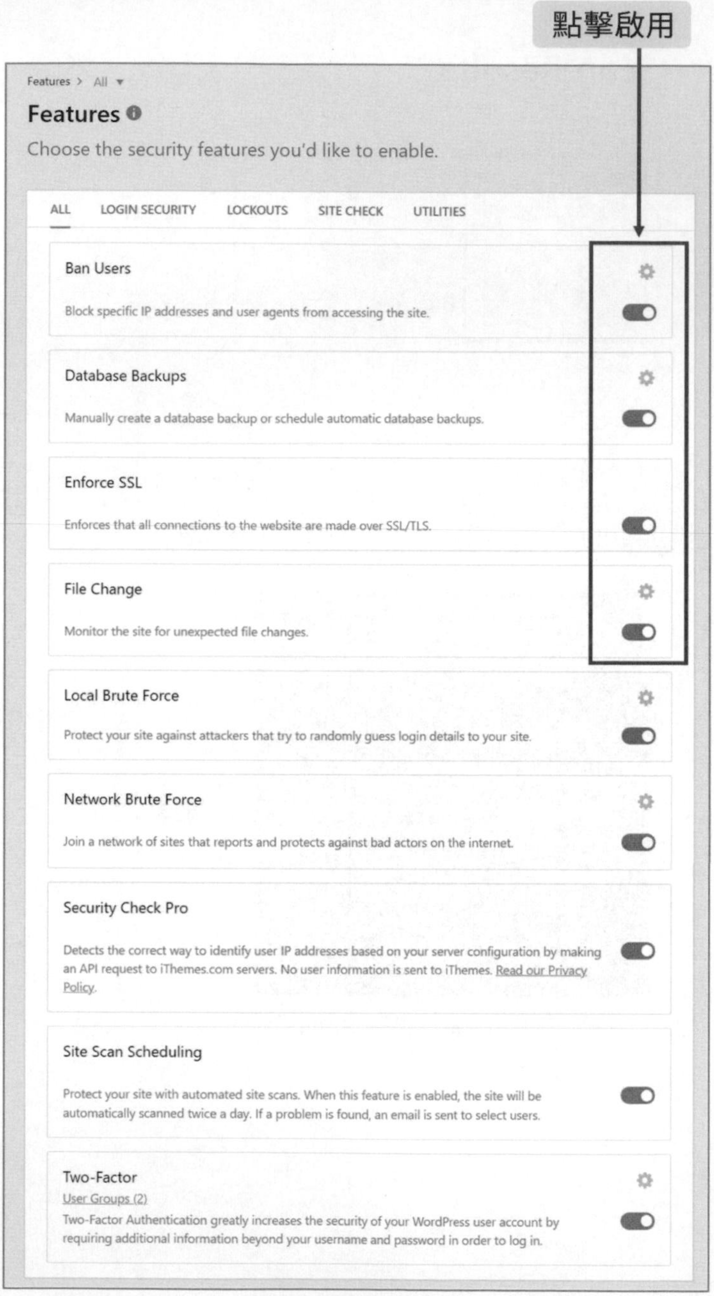

點擊啟用

▲ 啟用安全功能

28 點擊齒輪符號，就可針對該安全項目中做進一步的細部設定。首先，點擊「Ban Users」項目中的齒輪符號，來做進一步的設定。

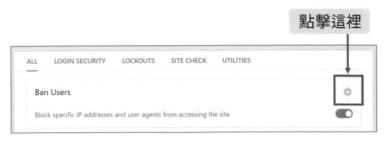

▲　點擊齒輪符號

29 在「BAN USERS」標籤中，將「Default Ban List」勾選起來，這是阻止惡意機器人和偷渡式駭客禁止訪問站點的功能。

勾選起來後，就可以使用來自 HackRepair.com 所開發的預設列表，來自全球各地的惡意機器人的 IP 都已被列入其中。

另外，若還有特定已知的 IP 位置或代理伺服器需要阻斷的話，則將「Enable Ban Lists」勾選起來，並將所要禁止的用戶代理字符輸入至欄位中，每行填入一個作為區隔。

設定好之後，點擊「Save」，儲存設定值。

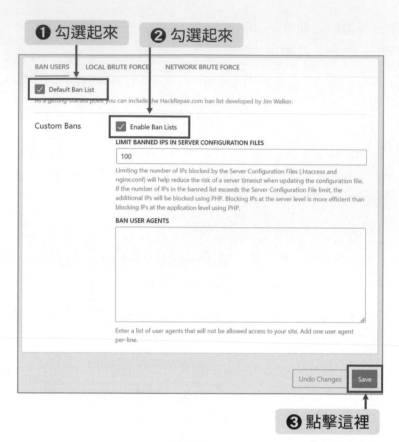

▲ 點擊「Save」

30 點擊「LOCAL BRUTE FORCE」標籤，這是防止暴力破解的設定，
WordPress 的預設情況下，不會限制用戶想要嘗試登入的數量，導致駭
客可以利用此漏洞來不斷猜測帳號與密碼的組合，進行暴力攻擊。

所以，要將「Automatically ban "admin" user」勾選起來之外，這是禁
止嘗試使用 "admin" 用戶名來登錄的主機，也就是嘗試使用管理員預
設用戶名的主機，都會被予以阻擋。

另外，還要限制最大的嘗試登入次數，並設定鎖定時間。設定好之後，
點擊「Save」，儲存設定值。

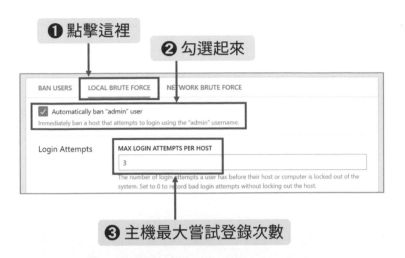

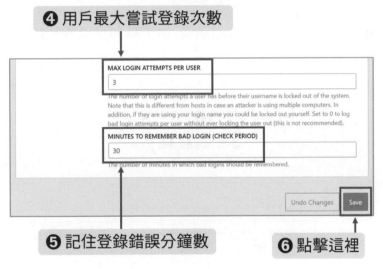

▲ 點擊「LOCAL BRUTE FORCE」標籤

31 點擊「NETWORK BRUTE FORCE」標籤，這是自動將所阻擋的 IP 列成報告，「Ban Reported IPs」的預設值已經勾選起來了，因此不需要再做任何的變更。

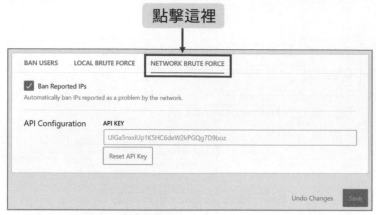

▲ 點擊「NETWORK BRUTE FORCE」標籤

32 接著，在 iThemes Security 設定介面中的選單中，點擊「FEATURES」，再點擊「All」。

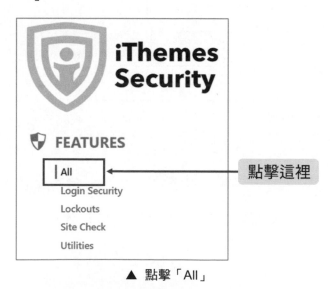

▲ 點擊「All」

33 在「Database Backups」項目中，點擊齒輪符號，進行進階的設定。

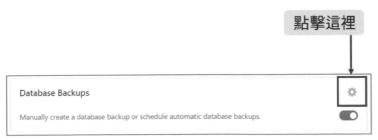

▲ 點擊齒輪符號

34 這是資料庫備份的設定，當網站遭受攻擊時，可以透過備份檔案來快速恢復網站的運營。

將「Schedule Database Backups」勾選起來，啟用自動備份排程，並在「BACKUP INTERVAL」中設定幾天備份一次。

在「BACKUP METHOD」中，為了增加安全性，建議選擇「Save Locally and Email」，一方面將備份檔案保存在伺服器上，一方面透過電子郵件接收。

而「BACKUP LOCATION」為備份位置的選擇，需指定伺服器上儲存備份檔案的路徑，而且要設定為寫入狀態，而路徑建議不要指定為網站的根目錄。

「BACKUPS TO RETAIN」為保留幾天的備份，超出所設定天數的備份檔案都會被刪除。而為了避免檔案過大，「Compress Backup Files」也要勾選起來，將備份檔案壓縮。

「Backup Tables」則為指定所要備份的資料表，保留預設值即可。

最後，再點擊「Save」，儲存設定。

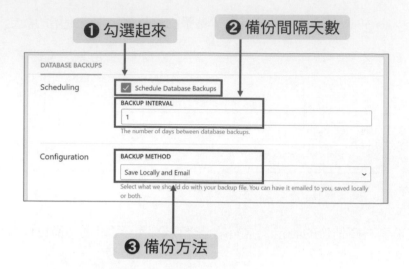

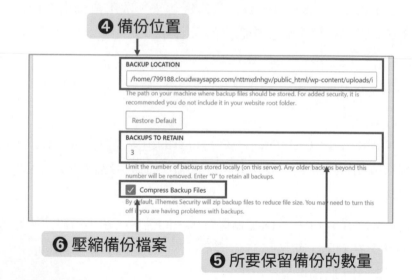

❼ 選擇所要備份的資料表

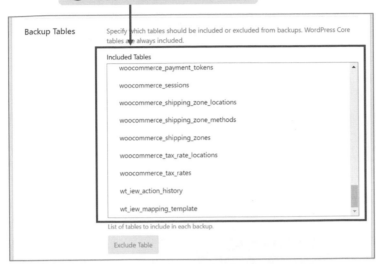

❽ 選擇排除備份的資料表

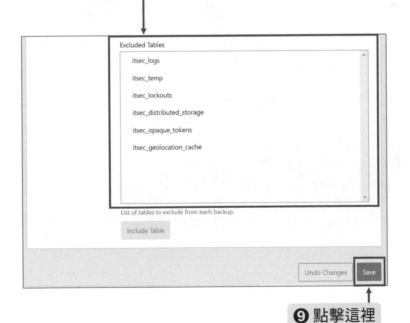

❾ 點擊這裡

▲ 資料庫備份設定

35 繼續在 iThemes Security 設定介面中的選單中，點擊「FEATURES」，再點擊「All」。

▲ 點擊「All」

36 在「File Change」項目中，點擊齒輪符號，進行設定。

▲ 點擊齒輪符號

37 透過 File Change 這個功能，可以知道檔案是否遭到竄改，埋入惡意程式碼。

在「File Selector」檔案的選擇上，維持預設即可，但如果有需要排除的檔案，也可以在「EXCLUDED FILES AND FOLDERS」設定，加入到排除清單中。

❶ 選擇每次掃描時所要排除的檔案和資料夾

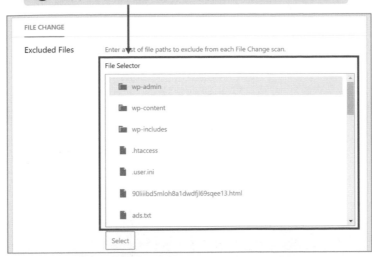

❷ 選擇掃描時所要忽略的檔案類型

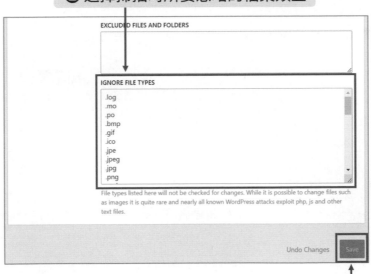

❸ 點擊這裡

▲ 「File Selector」設定

38 在 iThemes Security 設定介面中的選單中，點擊「FEATURES」，再點擊「All」。

▲ 點擊「All」

39 在「Two-Factor」項目中，點擊齒輪符號，進行設定。

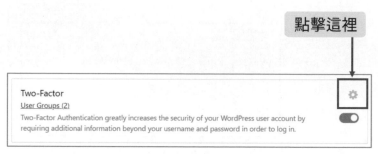

▲ 點擊齒輪符號

40 啟用雙重驗證的方式，用戶除了需要輸入帳號、密碼以外，還需要輸入輔助代碼才能成功登入，如此有助於提高用戶帳戶的安全性，尤其對管理員來說，要想加強管理員帳戶的安全性，使用雙重驗證來登入更是必不可少的。

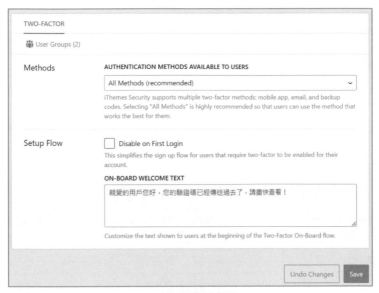

▲ 啟用雙重驗證

41 而 iThemes Security 的雙重驗證，可以針對不同的用戶類別來設定是否要強制使用，例如在先前的導引設定中，就選擇了針對管理員（Administrators）、編輯（Editors）、作者（Authors）啟用雙重驗證。

「User Groups」會顯示目前有啟用雙重驗證的用戶組數量，若需要增加或減少，可點擊「User Groups」連結重新設定。

▲ 顯示啟用雙重驗證的用戶組數量

42 iThemes Security 也支持多種雙重驗證的方法，如手機應用程式、EMAIL、和備用驗證碼，在「AUTHENTICATION METHODS AVAILABLE TO USERS」的選項中，建議選擇「All Methods」，也就是所有的方法都使用。

iThemes Security 的雙重驗證方式包括：

● Mobile App：需配合 Google Authenticator 應用程式來生成驗證碼，並在一定的時間內登入。

● Email：將驗證碼透過郵件方式傳送至用戶的信箱中。

● Backup Authentication Codes：在用戶無法使用手機或 Email 進行登入時，提供一組一次性的驗證碼讓用戶登入。

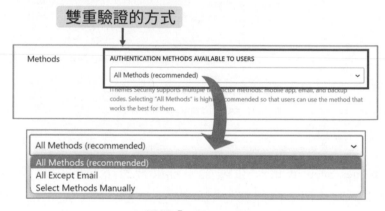

▲ 選擇「All Methods」

43 「Disable on First Login」是讓用戶在第一次登入時，不需要使用雙重驗證，這是為了簡化用戶的註冊流程，可依需求決定是否開啟。

而在「ON-BOARD WELCOME TEXT」的欄位中，則是要填寫請用戶輸入驗證碼的提示用語，如：親愛的用戶您好，您的驗證碼已經傳送過去了，請盡快查看！

設定完成後，點擊「Save」，儲存設定。

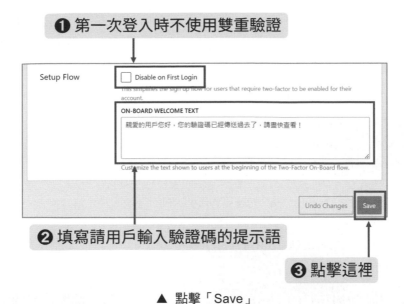

▲ 點擊「Save」

44 接著，在 iThemes Security 設定介面中的選單中，點擊「CONFIGURE」，再點擊「Global Settings」，進行全局設定。

▲ 點擊「Global Settings」

45 將「Write to Files」勾選起來，它要求要有寫入 wp-config.php 和 .htaccess 兩個檔案的權力，目的是如果有需要的話，它會加入安全規則，以便保護網站安全。

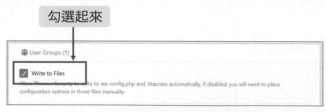

▲ 勾選「Write to Files」

46 「MINUTES TO LOCKOUT」是指登入錯誤而被鎖定，距離幾分鐘後，才能再訪問網站。

這裡建議使用預設的 15 分鐘，因為增加時間可能會影響攻擊的 IP 被添加到黑名單中。

iThemes Security 會記住鎖定的天數和時間，並調整用戶在被永久禁止之前，所能嘗試的次數。

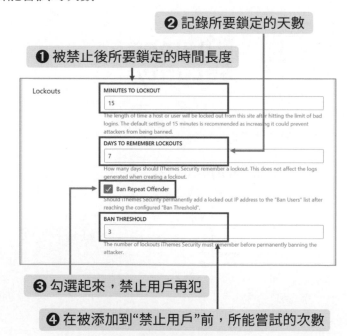

▲ 設定鎖定的天數和時間

47 「HOST LOCKOUT MESSAGE」是被主機封鎖後所出現的訊息。

這是會顯示給攻擊者的，當有人試圖進行攻擊，他們的電腦會被鎖定，而後他們的螢幕便會出現這樣的訊息，之後在限定的時間內，就不能再登入或攻擊。

「USER LOCKOUT MESSAGE」是當用戶嘗試太多次而無法登入時，就會被鎖定，並出現的訊息。

「COMMUNITY LOCKOUT MESSAGE」是指當 IP 被鎖定，被標記為威脅時，所會出現的訊息。

❷ 用戶被鎖定時，所要向用戶顯示的訊息

❶ 主機被被鎖定時，所顯示的訊息

Lockout Messages　HOST LOCKOUT MESSAGE

error

The message to display when a computer (host) has been locked out.

USER LOCKOUT MESSAGE

由於您所嘗試的無效登入次數太多，目前已無法登入，請稍後再重新登入。

The message to display to a user when their account has been locked out.

COMMUNITY LOCKOUT MESSAGE

您的IP地址已被安全網路標記唯有威脅性的IP。

The message to display to a user when their IP has been flagged as bad by the iThemes network.

❸ IP被標記時，所要向用戶顯示的訊息

▲ 輸入被封鎖後所出現的訊息內容

48 「AUTHORIZED HOSTS」要加入可獲得授權的主機 IP，包括管理員的 IP 在內，以防止自己被鎖在網站之外。

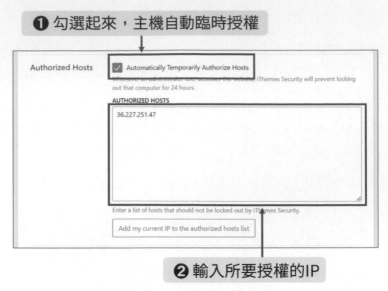

▲ 加入授權的主機 IP

49 在 Logging 區塊中，是設定管理事件日誌的儲存方式、保存日誌的時間長度，以及儲存路徑。

Database Only：適合小型網站，將事件記錄資料保存於資料庫中，可方便檢索和處理，但是當資料表變得比較龐大的話，處理速度會變慢。

File Database Only：適合大型網站，較不會耗費資源，但無法自行處理日誌。

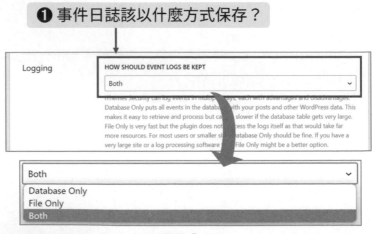

▲ 選擇「Both」

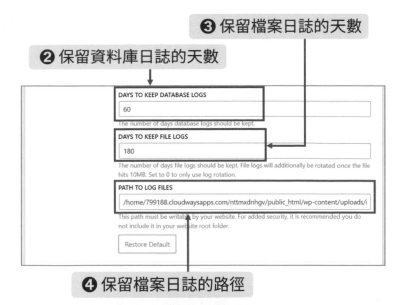

▲ 輸入保留天數

50 「PROXY DETECTION」是指 iThemes Security 如何確定訪客的 IP 位置，這裡選擇「Security Check Scan」，使用安全檢查掃描即可。

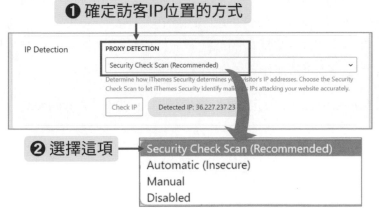

▲ 選擇「Security Check Scan」

51 「PROXY DETECTION」可以選擇是否要在管理欄中刪除安全消息，僅在 iThemes Security 設定頁面中顯示通知。

以上所有的項目都設定完成後，點擊「Save」，儲存設定。

❶ 在管理欄中隱藏安全選單

UI Tweaks　　☐ Hide Security Menu in Admin Bar

Remove the Security Messages Menu from the admin bar. Notifications will only appear on the iThemes Security dashboard and settings pages.

Undo Changes　Save

❷ 點擊這裡

▲ 點擊「Save」

二、進階設置

進階設置可以進一步強化網站的安全性，並阻擋常見的駭客攻擊手法，但同樣地，由於伺服器環境與所安裝外掛程式的不同，也可能同時阻擋了使用相同技術的外掛程式與佈景主題，因此在勾選進階設置的項目時，建議一次開啟一項功能，以逐步開啟的方式，並同時確認網站上的所有外掛、佈景主題與內容是否能正常運作。

1 在 iThemes Security 設定介面中的選單中，點擊「Advanced」。

▲ 點擊「Advanced」

2　在「SYSTEM TWEAKS」標籤底下,「Protect System Files」的預設值是開啟的狀態,啟用之後,則 readme.html、readme.txt、wp-config.php、install.php、wp-includes 和 .htaccess 這幾個檔案都是處於禁止公開訪問的狀態,能避免洩漏網站重要訊息。

而「Disable Directory Browsing」啟用之後,則可以避免用戶瀏覽目錄中的所有檔案列表。

▲ 啟用保護系統檔案和禁止目錄瀏覽

3 啟用「Disable PHP in Uploads」、「Disable PHP in Plugins」、「Disable PHP in Themes」這三項後，可以在 Uploads 目錄、外掛和佈景主題中禁用 PHP 執行，避免駭客執行惡意腳本。

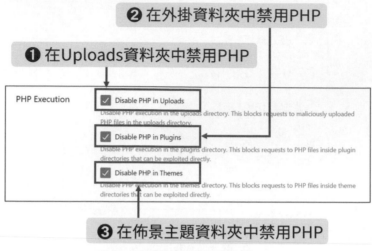

▲ 啟用禁止 PHP 執行

4 點擊「WORDPRESS TWEAKS」標籤，這裡有部分的設置會與網站所使用的外掛和佈景主題有所衝突，因此每更改一個設置時，都需要再測試網站的所有功能、內容是否能正常運作。

▲ 點擊「WORDPRESS TWEAKS」標籤

5 「Disable File Editor」啟用後，外掛編輯器和佈景主題編輯器都會被禁用，若需要修改外掛和佈景主題的程式碼，則需要透過 SFTP 或其他工具手動上傳。

▲ 啟用「Disable File Editor」

6 「XML-RPC」是 WordPress 一種提供遠端程序呼叫的方法，預設值是開啟的，但也有許多駭客會透過 XML-RPC 進行攻擊，對用戶帳號和密碼進行上百次以上的猜測破解，進行暴利破解，因此基於安全性而言，選擇「Disable XML-RPC」，禁用 XML-RPC 是最安全的方式。

但若有使用 Jetpack 外掛，或使用了 WordPress 手機應用程式的功能，則需要將 XML-RPC 開啟。

「Multiple Authentication Attempts per XML-RPC Request」是允許每個請求可以進行多次身份驗證的嘗試，建議不要勾選，阻擋對用戶帳號和密碼的多次猜測。

「REST API」若是啟用的狀態，則開發人員可以透過簡便高效的方式，如 JSON 格式，來訪問和控制 WordPress 的站點內容，對用戶、文章、分類…等進行不同的控制，或檢索或修改文章。但這也使得 WordPress 產生漏洞，讓未經授權的駭客可以注入惡意內容，對文章、頁面進行修改。因此建議將「REST API」設定為「Restricted Access」的狀態，限制訪問權限，讓用戶需要登錄或具有特定權限時才能訪問。

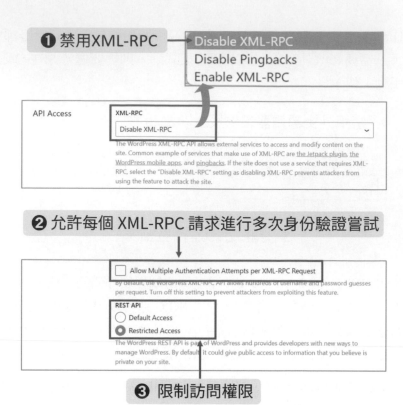

▲ 禁用 XML-RPC

⚡ **重點指引：**

「Default Access」是預設訪問權限，也就是包括所發佈的內容、文章、用戶
資料…等，都是屬於公開存取的狀態。

6 「Force Unique Nickname」是強制用戶在更新個人資料，或是創建用戶
帳號時，選擇一個唯一的暱稱，避免駭客透過作者頁面收集用戶的登錄
帳號，但若是舊用戶沒有更新個人資料的話，那麼暱稱也不會自動更新。

「Disable Extra User Archives」則是當用戶沒有發表過任何內容的話，
那麼該用戶也不會擁有任何的作者頁面，這可以避免駭客收集到未發佈
過文章的用戶的帳號。

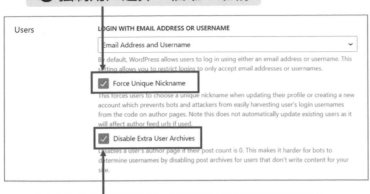

❶ 強制用戶選擇一個唯一暱稱

❷ 用戶帖子數為 0，則不啟用作者頁面

▲ 勾選唯一的暱稱

7 設定好之後，點擊「Save」，儲存設定。

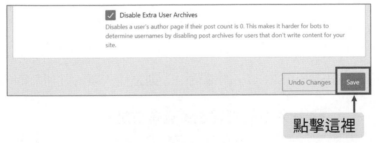

點擊這裡

▲ 點擊「Save」

8 點擊「HIDE BACKEND」標籤，其中「Hide Backend」為隱藏後端的功能，也就是隱藏管理員登錄頁面的網址。

必須觀察是否和其他外掛或佈景主題產生衝突，可以視個別網站的需求來勾選。

▲ 點擊「HIDE BACKEND」標籤

9 WordPress 的預設登入頁面的位址都是「wp-login.php」，或是一般常用的管理後台都是以「login」、「admin」、「dashboard」為名稱，這麼一來，就容易受到駭客攻擊。而啟用隱藏管理後台位置的功能，可以減少被攻擊的機會。

在「LOGIN SLUG」的欄位中，輸入新的登錄頁面位址，以取代「wp-login.php」的位置，新的登錄位址可以使用英文、數字交叉組合。

而在「REGISTER SLUG」的欄位中，則是輸入新的註冊頁面的位址。

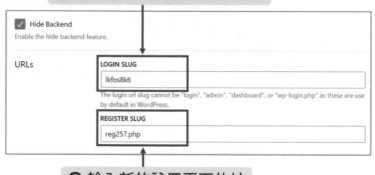

▲ 輸入新的登錄與註冊頁面位址

10 接著，在「Redirection」中，將「Enable Redirection」勾選起來，啟用重定向的功能，可以防止用戶在沒有登入的情況下，欲嘗試訪問管理後台的預設頁面時，將他強制重定向到其他頁面。

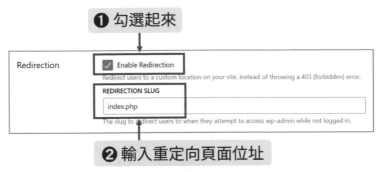

▲ 啟用重定向功能

11 另外，若要自定義註冊表單，或是配合其他外掛、佈景主題而需要使用到自定義的變量時，則可在「CUSTOM LOGIN ACTION」的欄位中輸入。但在這裡並沒有要使用到任何的自定義功能，因此則毋須輸入。

設定好之後，點擊「Save」，儲存設定。

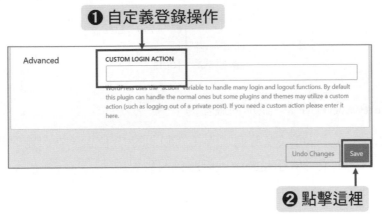

▲ 點擊「Save」

三、安全工具

在 iThemes Security 當中，也配置了相當多的安全性小工具，可依實際需求選擇性使用，而不必一一安裝外掛程式，相當地方便。若之前有安裝過同樣功能的外掛程式，也可將其移除，一併在 iThemes Security 中整合在一起，減少伺服器的負擔。

1 在 iThemes Security 設定介面中的選單中，點擊「Tools」。

▲ 點擊「Tools」

2 Identify Server IP's：識別伺服器的 IP。

點擊「Run」，可以查看網站所在伺服器的 IP 位置，在設定時可以將 IP 列入白名單或受信任範圍中，以避免遭到誤鎖。

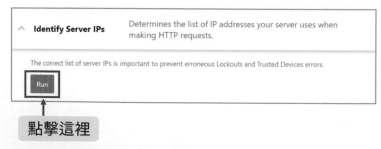

▲ 點擊「Run」

3 Change Admin User：更改管理員 Admin 帳號名。

若是管理員使用 Admin 的帳號名稱，容易被破解與攻擊，因此可以在欄位中輸入新的帳號名稱，而後點擊「Run」，以取代「admin」帳號名。

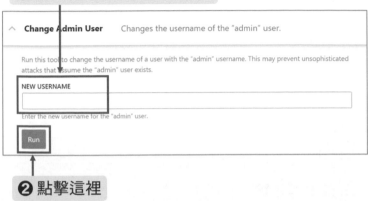

▲ 點擊「Run」

4 Change User ID 1：更改 ID 是 1 的用戶。

WordPress 在安裝時，會新建一個 ID 為 1 的預設用戶，但這也同時成為容易被攻擊的目標，點擊「Run」之後，可以更改 ID。

若 ID 是 1 的用戶不存在，則該工具會被隱藏起來。

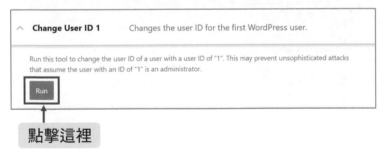

▲ 點擊「Run」

5 Change Database Prefix：更改資料庫前綴。

在更改資料庫前綴前，要先完成備份，而後再點擊「Run」進行更改。不過使用此工具會需要較高的伺服器效能，因此若超出伺服器的處理能力，則無法順利更改，而且可能會造成資料庫損壞，因此一定要先備份好資料庫，以免在損壞時無法恢復。

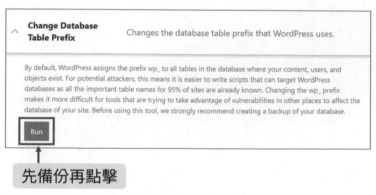

▲ 先備份好資料庫後，再點擊「Run」

6 Set Encryption Key：重新設置加密金鑰。

在安裝 iThemes Security 後，iThemes Security 在 wp-config.php 的檔案內加入了加密金鑰，用以保護網站的機密資料，若要重新設置加密金鑰的話，可以勾選「Confirm Reset Key」，再點擊「Run」。

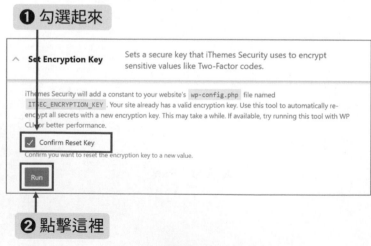

▲ 點擊「Run」

7 Rotate Encryption Key：更新所有加密金鑰。

若是手動更新了 wp-config.php 檔案裡的加密金鑰，那麼則要在
「PREVIOUS KEY」欄位中，填入先前的加密金鑰字串，再點擊「Run」，
讓所有的加密值都可以隨著更新。

▲ 點擊「Run」

8 Check File Permissions：檢查檔案權限。

點擊「Run」，檢查 WordPress 的重要目錄與檔案權限的設置是否正確，
若設置不正確，會出現橘色警告標示，並列出建議值。

在修改權限後，再次點擊「Run」，即會出現綠色通過標示。

▲ 點擊「Run」

Check File Permissions		Lists file and directory permissions of key areas of the site.		
Relative Path	Suggestion	Value	Result	Status
/	755	775	Warning	
wp-includes	755	775	Warning	
wp-admin	755	775	Warning	
wp-admin/js	755	775	Warning	
wp-content	755	775	Warning	
wp-content/themes	755	775	Warning	
wp-content/plugins	755	775	Warning	
wp-content/uploads	755	777	Warning	
wp-config.php	444	664	Warning	
.htaccess	444	664	Warning	
Relative Path	Suggestion	Value	Result	Status

Run

修正權限後再點擊

▲　修改權限後再點擊「Run」

Check File Permissions		Lists file and directory permissions of key areas of the site.		
Relative Path	Suggestion	Value	Result	Status
/	755	755	Ok	
wp-includes	755	755	Ok	
wp-admin	755	755	Ok	
wp-admin/js	755	755	Ok	
wp-content	755	755	Ok	
wp-content/themes	755	755	Ok	
wp-content/plugins	755	755	Ok	
wp-content/uploads	755	755	Ok	
wp-config.php	444	444	Ok	
.htaccess	444	444	Ok	
Relative Path	Suggestion	Value	Result	Status

Run

▲　出現通過標示

9 Server Config Rules：伺服器配置規則。

這是 iThemes Security 所制訂的伺服器配置規則，點擊「Run」即會重新刷新。而若是將「.htaccess 」檔案設置為無法寫入的話，那麼就需要手動更新，點擊「Copy Rules」，並開啟「.htaccess」檔案，將程式碼黏貼到內容最頂端。

```
∧  Server Config Rules    View or flush the generated Server Config rules.


# BEGIN iThemes Security - Do not modify or remove this line
# iThemes Security Config Details: 2
    # Protect System Files - Security > Settings > System Tweaks > System Files
    <files .htaccess>
            <IfModule mod_authz_core.c>
                    Require all denied
            </IfModule>
            <IfModule !mod_authz_core.c>
                    Order allow,deny
                    Deny from all
            </IfModule>
    </files>
    <files readme.html>
            <IfModule mod_authz_core.c>
                    Require all denied
            </IfModule>
            <IfModule !mod_authz_core.c>
                    Order allow,deny
                    Deny from all
            </IfModule>
    </files>
    <files readme.txt>
            <IfModule mod_authz_core.c>
                    Require all denied
            </IfModule>
            <IfModule !mod_authz_core.c>
                    Order allow,deny
                    Deny from all
            </IfModule>
    </files>
    <files wp-config.php>
                    Deny from all
            </IfModule>
    </files>
    <files wp-config.php>
            <IfModule mod_authz_core.c>
                    Require all denied
            </IfModule>
            <IfModule !mod_authz_core.c>
                    Order allow,deny
                    Deny from all
            </IfModule>
    </files>

    # Disable Directory Browsing - Security > Settings > System Tweaks > Directo
    Options -Indexes
    <IfModule mod_rewrite.c>
            RewriteEngine On

            # Protect System Files - Security > Settings > System Tweaks > Syste
            RewriteRule ^wp-admin/install\.php$ - [F]
            RewriteRule ^wp-admin/includes/ - [F]
            RewriteRule !^wp-includes/ - [S=3]
            RewriteRule ^wp-includes/[^/]+\.php$ - [F]
            RewriteRule ^wp-includes/js/tinymce/langs/.+\.php - [F]
            RewriteRule ^wp-includes/theme-compat/ - [F]
            RewriteCond %{REQUEST_FILENAME} -f
            RewriteRule (^|.*/)\.(git|svn)/.* - [F]

            # Disable PHP in Uploads - Security > Settings > System Tweaks > PHP
            RewriteRule ^wp\-content/uploads/.*\.(?:php[1-7]?|pht|phtml?|phps)\.

            # Disable PHP in Plugins - Security > Settings > System Tweaks > PHP
            RewriteRule ^wp\-content/plugins/.*\.(?:php[1-7]?|pht|phtml?|phps)\.
```

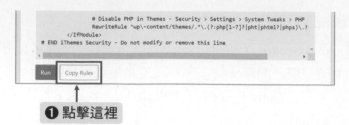

```
                        # Disable PHP in Themes - Security > Settings > System Tweaks > PHP
                        RewriteRule ^wp\-content/themes/.*\.(?:php[1-7]?|pht|phtml?|phps)\.?
                    </IfModule>
            # END iThemes Security - Do not modify or remove this line
```

❶ 點擊這裡

▲ 點擊「Copy Rules」

```
 1 # BEGIN iThemes Security - Do not modify or remove this line
 2 # iThemes Security Config Details: 2
 3     # Protect System Files - Security > Settings > System Tweaks > System Files
 4     <files .htaccess>
 5         <IfModule mod_authz_core.c>
 6             Require all denied
 7         </IfModule>
 8         <IfModule !mod_authz_core.c>
 9             Order allow,deny
10             Deny from all
11         </IfModule>
12     </files>
13     <files readme.html>
14         <IfModule mod_authz_core.c>
15             Require all denied
16         </IfModule>
17         <IfModule !mod_authz_core.c>
18             Order allow,deny
19             Deny from all
20         </IfModule>
21     </files>
22     <files readme.txt>
23         <IfModule mod_authz_core.c>
24             Require all denied
25         </IfModule>
26         <IfModule !mod_authz_core.c>
27             Order allow,deny
28             Deny from all
29         </IfModule>
30     </files>
31     <files wp-config.php>
32         <IfModule mod_authz_core.c>
33             Require all denied
34         </IfModule>
```

❷ 貼入程式碼

▲ 在「.htaccess」貼入程式碼

10 wp-config.php Rules：wp-config.php 配置規則。

這是 iThemes Security 所制訂的「wp-config.php」檔案配置規則，點擊「Run」即會重新刷新。

同樣地，若是將「wp-config.php」檔案設置為無法寫入的話，那麼就要透過手動更新的方式：點擊「Copy Rules」後，並開啟「wp-config.

php」檔案,將程式碼黏貼到到 <?php 底下。

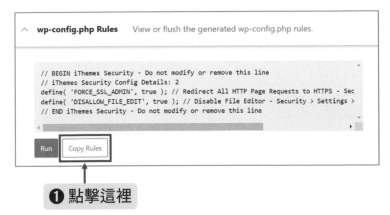

▲ 點擊「Copy Rules」

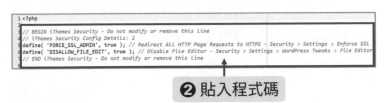

▲ 在「wp-config.php」貼入程式碼

11 Changing WordPress Salts:更改 WordPress 的密鑰與 Salts。

點擊「Run」之後,就會在「wp-config.php」檔案中重新生成一組新的密鑰,而所有的用戶也會被強制重新登錄。

▲ 點擊「Run」

12 Security Check Pro：安全檢查專業版。

駭客通常會偽裝真正的 IP 位置來進行攻擊，而這個工具則可以根據伺服器的配置來檢測用戶的 IP。

點擊「Run」之後，就會開始進行檢測，以杜絕假的 IP。

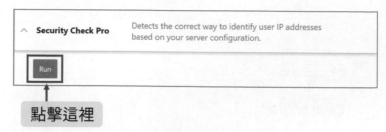

▲ 點擊「Run」

▲ 顯示檢測結果

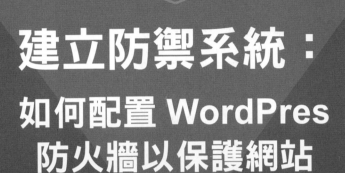

第 10 章

建立防禦系統：

如何配置 WordPres 防火牆以保護網站

啟用 **WordPress** 防火牆，強化資安防護

1 進入 WordPress 管理後台中，點擊「外掛」，再點擊「安裝外掛」。

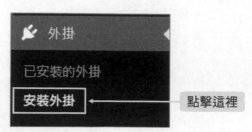

▲ 點擊「安裝外掛」

2 在關鍵字欄位中搜尋「Wordfence」關鍵字，找到「Wordfence Security – 防火牆及惡意程式碼掃描」外掛程式後，點擊「立即安裝」，並予以啟用。

注意：該外掛需要高效能的伺服器支援！

▲ 點擊「立即安裝」

3 啟用之後，Wordfence 會彈出視窗，需要先註冊 Wordfence 取得許可證，點擊「GET YOUR WORDFENCE LICENSE」。

▲ 點擊「GET YOUR WORDFENCE LICENSE」

4 選擇 Free 方案，點擊「Get a Free License」。

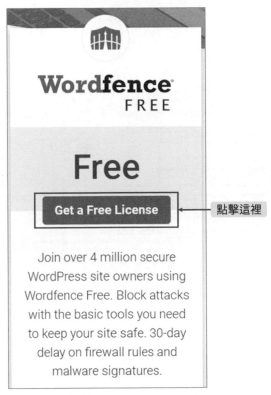

▲ 點擊「Get a Free License」

5 一開始可先使用免費版，Wordfence 提供免費試用 30 天，之後再決定是否要使用付費版。點擊「I'm OK waiting 30 days for protection from new threats」超連結。

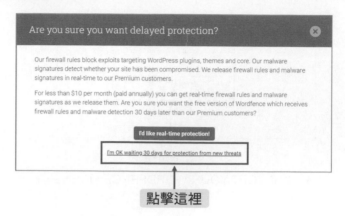

▲ 點擊「I'm OK waiting 30 days for protection from new threats」

6 需要填寫 EMAIL 資料、勾選同意條款後，再點擊「Register」。

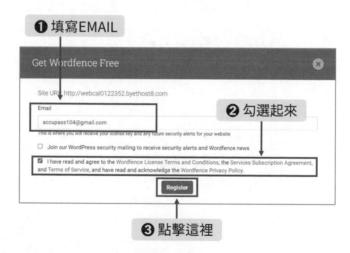

▲ 點擊「Register」

7 Wordfence 會將 License Key 傳送至 EMAIL 中，需至 EMAIL 中收取信件，才能進一步完成安裝。

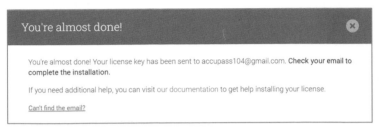

▲ License Key 傳送至 EMAIL 的通知

8 開啟信件，點擊「Install My License Automatically」，若是無法自動安裝時，則將下方的 License Key 複製起來，手動安裝。

▲ 點擊「Install My License Automatically」

9 Email 和 License Key 會自動輸入於欄位中，只要點擊「INSTALL LICENSE」即可。

點擊這裡

▲ 點擊「INSTALL LICENSE」

⚡ **重點指引：**

手動安裝 License Key

1. 若自動安裝無法正常跳轉至 License Key 註冊頁面時，則可至 WordPress 管理後台中，在左欄選單中點擊「Wordfence」，再點擊「Install」。

點擊這裡

▲ 再點擊「Install」

2. 一樣在欄位中輸入 Email，並將信件中的許可證字串貼入「License Key」欄位中，並勾選同意條款，再點擊「INSTALL LICENSE」。

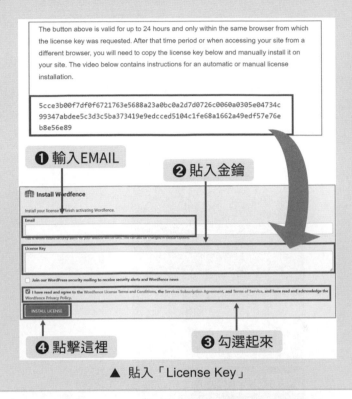

▲ 貼入「License Key」

10　License Key 安裝完成，點擊「GO TO DASHBOARD」。

▲ 點擊「GO TO DASHBOARD」

11 回到設定介面後，先點擊啟用自動更新的超連結「Yes,enable auto-update」。

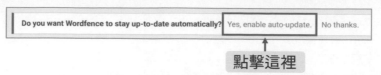

點擊這裡

▲ 點擊「Yes,enable auto-update」

12 點擊左欄選單中的「Wordfence」，再點擊「All Options」。

點擊這裡

▲ 點擊「All Options」

13 除了「Email Alert Preferences」以外，這裡的選項都可以保留默認設置。
點擊「Email Alert Preferences」旁的三角形符號，進行進階的設置。

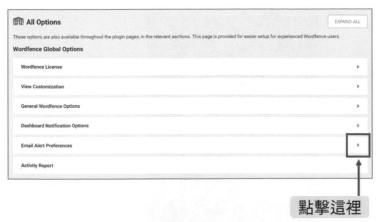

點擊這裡

▲ 點擊三角形符號

14 如果不希望收到太多的郵件通知，可以依照自己的需求勾選，設定好之
後，點擊「SAVE CHANGES」。

❷ 點擊這裡

❶ 勾選項目

▲ 點擊「SAVE CHANGES」

15 點擊左欄選單中的「Wordfence」，再點擊「Scan」。

▲ 點擊「Scan」

16 點擊「START NEW SCAN」，開始進行掃描。

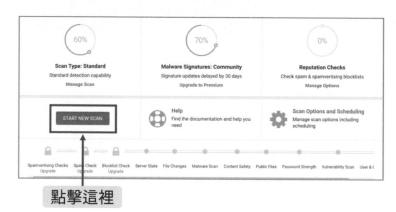

▲ 點擊「START NEW SCAN」

17 進行安全性的掃描需要花費一點時間,除了檢測伺服器的設置狀態以外,還包括惡意程式掃描、內容安全、密碼強度、安全漏洞⋯等八個面向的檢測。

▲ 安全性的掃描進行中

18 Wordfence 的預設值是以標準模式掃描,會在每隔 1 天左右進行一次自動快速掃描,每隔 3 天進行一次完整掃描。

如果覺得網站是位於高風險狀態,也可以點擊「Scan Options and Scheduling」來更改掃描類型。

▲ 點擊「Scan Options and Scheduling」

19 更改為「High Sensitivity」,為高靈敏度掃描,可以掃描得更徹底,但同時也可能有誤報的風險。因此建議當網站脫離高危險狀態後,再調整回「Standard Scan」。

選定好之後,點擊「SAVE CHANGES」,儲存設定值。

▲ 勾選「High Sensitivity」

 安全防護措施配置，自動最佳化調整

---

1 在 WordPress 管理後台中，點擊左欄選單的「Wordfence」，再點擊「Firewall」。

▲ 點擊「Firewall」

2 點擊管理介面中的「MANAGE FIREWALL」。

▲ 點擊「MANAGE FIREWALL」

3 在 Web Application Firewall Status 區塊中，需維持「Learning Mode」的狀態，因為在安裝外掛後，Wordfence 的防火牆需要一個星期的學習時間，以瞭解站點的狀態，並自動做出最好的調整，因此在這個地方，千萬不要自行更改成「Enabled and Protecting」或「Disabled」的模式。

Wordfence 會在完成學習後，自動切換成「Enabled and Protecting」模式。

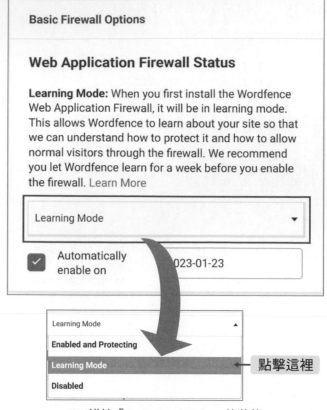

▲ 維持「Learning Mode」的狀態

4 點擊「OPTIMIZE THE WORDFENCE FIRELL」，也就是強化防火牆的設定。

Wordfence 的防火牆可以先做一些基本的防護，但這會需要修改伺服器的設定。

Wordfence 基礎的防護可以透過 htaccess 檔案，輕鬆地為站點添加防火牆保護，不過它需要取得伺服器的權限同意。

防火牆所設定的規則，會在駭客竄改站點上的 WordPress 程式碼之前，就阻擋惡意腳本的攻擊。

不過由於虛擬伺服器權限限制的關係，不是所有的伺服器都能做此設定，尤其是免費伺服器，對於權限的開放更為有限，例如 000webhost 的免費伺服器可以允許 Wordfence 做修改，而 Byethost 的免費伺服器則不開放修改權限。

Protection Level

Basic WordPress Protection: The plugin will
load as a regular plugin after WordPress has
been loaded, and while it can block many
malicious requests, some vulnerable plugins
or WordPress itself may run vulnerable code
before all plugins are loaded.

OPTIMIZE THE WORDFENCE FIREWALL

點擊這裡

▲ 點擊「OPTIMIZE THE WORDFENCE FIRELL」

⚡ 重點指引：

在 Wordfence 設定頁面的上方，也可以看到顯示網站目前的安全性狀態，並要求管理員進行防火牆優化設置的通知。

點擊「CLICK HERE TO CONFIGURE」後所進入的頁面，與點擊「OPTIMIZE THE WORDFENCE FIRELL」是一樣的，都是進到同樣的頁面做設置。

To make your site as secure as possible, take a moment to optimize the Wordfence Web Application Firewall. CLICK HERE TO CONFIGURE DISMISS
If you cannot complete the setup process, *click here for help.*

點擊這裡

▲ 點擊「CLICK HERE TO CONFIGURE」

5　Wordfence 會彈跳出一個視窗，並自動檢測伺服器的配置，這裡不需要
做任何的更改，但是需要點擊「DOWNLOAD .HTACCESS」，將檔案
下載下來做備份，以便日後發生問題時可以隨時覆蓋、還原。

一定要下載檔案，這樣「CONTINUE」按鈕才能進行點擊。

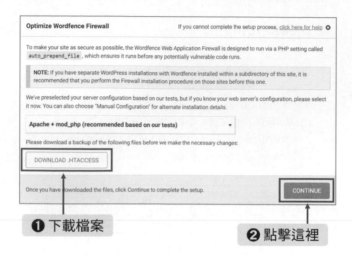

▲ 點擊「DOWNLOAD .HTACCESS」

6　設定完成後，點擊「CLOSE」。

▲ 點擊「CLOSE」

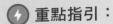 重點指引：

但若是出現「Installtion Successful」的訊息（例如在 Byethost 的伺服器上出現此訊息），則代表雖然安裝成功，但因為伺服器環境限制的關係，設定沒有辦法立即生效。

Installation Successful　　　　　　　　　　　　　　　　　　　　　○

The changes have not yet taken effect. If you are using LiteSpeed or IIS as your web server or CGI/FastCGI interface, you may need to wait a few minutes for the changes to take effect since the configuration files are sometimes cached. You also may need to select a different server configuration in order to complete this step, but wait for a few minutes before trying. You can try refreshing this page.

CLOSE

▲ 「Installtion Successful」訊息

 防火牆規則與安全性原則的設置

1　接下來，要進行防火牆高階的設定。點擊左欄選單的「Wordfence」，再點擊「Firewall」。

▲ 點擊「Firewall」

2 點擊管理介面中的「MANAGE FIREWALL」。

▲ 點擊「MANAGE FIREWALL」

3　點擊「Advanced Firewall Options」，就會彈出進階的防火牆設定項目。

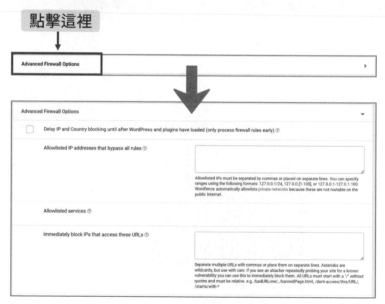

▲ 點擊「Advanced Firewall Options」

4　「Delay IP and Country blocking until after WordPress and plugins have loaded」是指，延遲阻擋 IP 和國家，直到加載 WordPress 和外掛後。

一旦啟用防火牆，防火牆會在 WordPress 加載之前就先啟用，阻擋可能的威脅，因此除非是基於測試之用，否則不建議將該選項勾選起來。

而在「Allowlisted IP addresses that bypass all rules」中，可以放入白名單的 IP，例如可放入信任合作夥伴的 IP，將之加入白名單中，就不會受到防火牆規則的規範。

▲ 不勾選「Delay IP and Country blocking until after WordPress and plugins have loaded」

5 每一個 IP 可用逗號分隔，或是一行獨立一個 IP，而若是要將某 IP 區段添加到白名單中，則需以 xxx.xxx.xxx.[xx] 的格式輸入，如：62.55.105.[0-255]。

▲ 輸入 IP

6 Wordfence 也會將 Sucuri、Facebook 等服務列入白名單中，以避免無意中阻擋掉這些外部服務。

▲ 外部服務白名單

7 在「Immediately block IPs that access these URLs」的欄位中，立即阻擋
訪問所指定 URL 的 IP，可以指定特定的 URL，並以逗號分隔網址，或
是一行輸入一個 URL，如：/ page-one /,/ page-two / 。

另外，也可以使用通配符 (*)，如：/ page-* /，凡是符合規則的網址都會
被列入。這樣一來，如果有駭客企圖訪問這些 URL 時，就會被阻擋在
外了。

或是輸入不存在的 URL 做為陷阱，這樣當駭客試圖利用漏洞訪問頁面
時，就可能夠將他們阻擋了。

但要留意的是，網站管理員不要去訪問這些指定的 URL，以免自己也被
防火牆阻擋了。

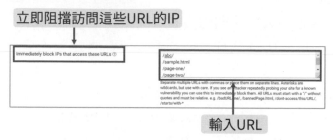

▲ 立即阻擋訪問這些 URL 的 IP

8 如果有定期對網站進行掃描的話，就會知道哪個 IP 會時常攻擊網站，或
是已經知道有哪些惡意機器人會持續攻擊網站，就可以在此處輸入來源
IP 位址，而有關這些 IP 的攻擊警報都會被略過，如此就不會一直收到
相同的警報了。

當然，防火牆還是會對這些 IP 進行阻擋，只是不會頻繁地發送警報而
已。

▲ 防火牆警報忽略的 IP

9 有很多的攻擊模式都是特定的，因此這裡有許多對應已知攻擊模式的相匹配規則。

Wordfence 的優點之一，就是即使網站管理員本身不懂任何防火牆的規則或技術，但只要依照它的預設值，就能提高站點的防護力了。

這些規則基本上都要開啟，而且規則也會自動更新，也可以點擊「MANUALLY REFRESH RULES」來手動更新規則。

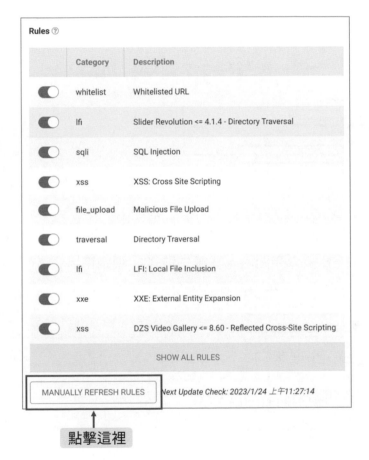

▲ 點擊「MANUALLY REFRESH RULES」

10　「Brute Force Protection」防止暴力破解攻擊的設定，包括用戶登入失敗次數的鎖定、忘記密碼嘗試次數的鎖定…等，與第五章所講述的防範暴力的原則是一致的，若先前有安裝過相關暴力破解的外掛程式，則這一項目的功能可關閉不啟用，或是將先前有安裝過的「Loginizer Security」外掛程式移除，避免功能重疊或產生衝突，而整合在 Wordfence 中一併管理。

附註：Wordfence 免費版並沒有更改登入頁面網址、雙重登入驗證的功能。

強制使用強度密碼

不要讓WP在登錄錯誤時,洩露用戶名

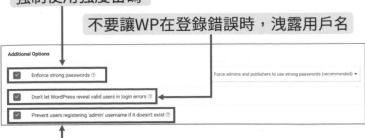

如果用戶名不存在,禁止用戶註冊admin用戶名

防止駭客透過這些方法發現用戶名

禁用WP應用程式密碼

阻止發出請求的IP地址

在頁面上顯示阻止訊息的自定義文本

檢查個人資料更新時的密碼強度

參與Wordfence安全網路

▲ 設定「Brute Force Protection」

11　「Rate Limiting」是速率限制的設定，它可以設定如何限制訪問者、以及搜尋引擎爬蟲每分鐘可以訪問的頁面數量。一旦超過了指定的限制範圍，訪問者或爬蟲就暫時不能訪問網站了。

也因為有的訪客不是「正常的人類」，而是使用機器人或假冒 Google 快速抓取網站資料，因此透過這個設定，就可以阻擋不正常的訪問了。

啟用速率限制和阻擋

▲ 啟用速率限制和阻擋

12　Google 搜索引擎會透過爬蟲機器人爬取網站中所有能爬到的資料，編成索引並提供搜尋服務，對網站來說，爬蟲機器人也有助於 SEO 的優化，然而卻有某些駭客會模仿 Google 爬蟲來抓取網站內容，因此，若要阻擋掉這些虛假 Google 爬蟲，可以選擇「Verified Google crawlers will not be rate-limited」這個選項，讓 Wordfence 利用反向 DNS 查找聲稱自己是 Google 的訪問者來加以驗證，如果通過驗證了，才能擁有無限訪問網站的權限。

這三個選項的區別在於：

- Verified Google crawlers will not be rate-limited：經過驗證的 Google 爬蟲才能訪問網站。

- Anyone claiming to be Google will not be rate-limited：任何自稱是 Google 的用戶都能無限制訪問，但若有駭客模擬 Google 爬蟲，他們也能獲得無限制訪問網站的權限。

● Treat Google like any other Crawler：像對待其他抓取工具一樣對待 Google，不建議選擇該項目，若再加上將每分鐘的請求數量限制調低 的話，有可能會將 Google 爬蟲阻擋在外。

▲ 關於 Google 爬蟲的設定

13 「If anyone's requests exceed」是針對所有請求的限制，不管是爬蟲（除 了 Google 以外），或是其他的訪客（包括非人類在內），都可以含括 其中。

一般來說，可以設置為每分鐘 120 個請求，也就是每秒鐘 2 個請求，這 可以讓其他搜尋引擎爬蟲正常地訪問站點，也不會造成網站負載過重， 更不會影響一般正常的訪客。

如果超過了這個限制，可以限制該類訪客，請他們放慢速度。

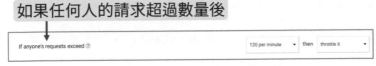

▲ 如果任何人的請求超過數量後

14 「If a crawler's page views exceed」是針對非人類的訪客所做的設置，有 時是訪問網站的其他搜尋引擎的爬蟲，或是抓取網站內容的機器人，尤 其是有些機器人會快速抓取網站內容，而產生一定的流量與負載，限制

這類的機器人可以避免網站超載的問題。

這裡一般設置為每分鐘 120 個請求就可以了。

如果爬蟲的頁面瀏覽量超過數量後

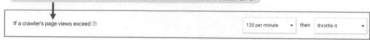

▲ 如果爬蟲的頁面瀏覽超過數量後

15 正常情況下，如果網站配置正確，出現 404 頁面錯誤的情況是很少的，但若是網站配置不正確，就可能遇到許多找不到頁面的錯誤（404 錯誤），像是網頁中的許多圖像不能被讀取了，就會產生 404 錯誤，當這些錯誤超出設置的限制時，就必須採取行動。

因為超出設置範圍時，有可能是駭客正在掃描網站中的漏洞，這時會需要阻止駭客，因此就要設定為「阻止」，而不是「限制」。

一般來說，在網站配置正確的情況下，可以設置每分鐘 15 個、30 個或 60 個。

如果爬蟲找到的錯誤頁面（404）超過數量後

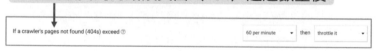

▲ 如果爬蟲找到的錯誤頁面（404）超過數量後

16 「If a human's page views exceed」是針對正常的訪客。如果訪客是人類，而非機器人時，就適用此限制。

正常的設置是每分鐘 120 個，若是超過數量，就需要限制該用戶（通常不會做阻擋的動作），使該名用戶以正常的瀏覽模式訪問網站。

如果一個人的頁面瀏覽量超過數量後

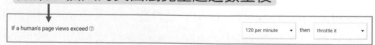

▲ 如果一個人的頁面瀏覽量超過數量後

17 在「If a human's pages not found (404s) exceed」項目中，如果網站在配置合理且設計合宜的情況下，可以設置為每分鐘 60 個或 30 個，甚至是每分鐘 15 個。

但如果網站配置得不正確，則在正常訪問過程中，訪客可能會遇到許多找不到頁面（404）的錯誤。因此，如果數字設置得比較低的話，就要先確保網站上並沒有很多的 404 頁面。

▲ 如果用戶找到錯誤頁面（404）超過數量後

18 在「How long is an IP address blocked when it breaks a rule」項目中，是指違反規則的 IP 會被阻擋多長的時間。

在被阻擋的這段時間內，該 IP 將不能訪問網站。通常可以設置在 5 分鐘～1 小時的時間，但如果發現網站時常被攻擊，也可以將時間設置為 24 小時，甚至是更長的時間，以便有足夠的時間來限制該 IP 所進行的惡意活動。

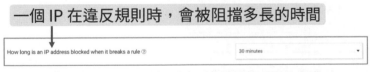

▲ 一個 IP 在違反規則時，會被阻擋多長的時間

19 在「Allowlisted 404 URLs」所列入的白名單網址，即使是產生了 404 錯誤，也不會被規則所限制。

預設值中已經有一些清單存在，不要將預設清單刪除，若要繼續加入新的 URL，則以每一行輸入一個位址為原則，網址以「/」為開頭，如：「/favicon.ico」。

列入白名單的 404 網址

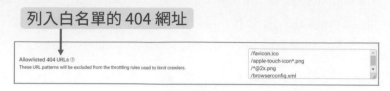

▲ 列入白名單的 404 網址

20 白名單也是 Wordfence 防火牆學習模式的一部分，這個功能可以使防火牆學會不去阻擋安全的請求，即使防火牆認為安全請求看起來是可疑的，也會不加以阻擋。

白名單會顯示每個列入的位址，以及有哪些相關參數被被列入白名單中。

但要是發現有大量列入的白名單項目（如超過 20 個），則可能代表網站所使用的某一個外掛程式被 Wordfence 鎖定了，例如表單送出時，被 Wordfence 阻擋，這時就必須手動加入白名單位址。

也或者，可能是在學習模式期間，您的網站曾經被攻擊過，這時候可能就需要刪除一些所列入白名單位址了。

列入白名單的網址

前台網站　　管理後台

監控來自管理員瀏覽器的後台請求是否有誤報

▲ 列入白名單的網址

21 當防火牆各項設定值都完成設定後，就可以點擊「SAVE CHANGES」了。

▲ 點擊「SAVE CHANGES」

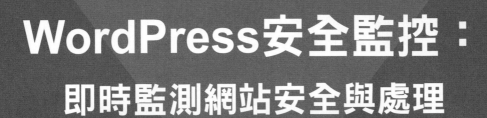

第 11 章

WordPress安全監控：

即時監測網站安全與處理

11-1　啟用 Google 監控網站安全服務

Google Search Console 是 Google 提供的一項站長工具，除了協助監控和維持網站在 Google 的 SEO 排名以外，還有另一個特別的功能，就是可以幫助網站監控伺服器錯誤、網站載入問題、駭客入侵和惡意軟體等安全性問題，如果發現了任何惡意木馬病毒，它也會傳送通知訊息。

1 在 Google 帳號登入的狀態下，到 Google Search Console 網站首頁，點擊「立即開始」。

Google Search Console 網址：

https://search.google.com/search-console/about?hl=zh-TW

點擊這裡

▲ 點擊「立即開始」

▲ Google Search Console 網址 QrCode

2 將 WordPress 網站的網址輸入至「網址前置字元」的欄位中,再點擊「繼續」。

▲ 點擊「繼續」

3 下載 HTML 檔案,並將檔案上傳至 WordPress 網站的根目錄中。

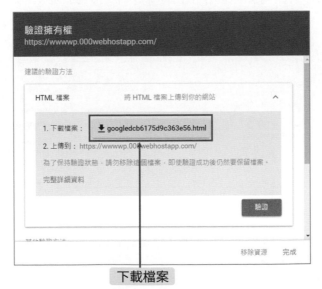

▲ 下載 HTML 檔案

4 上傳完檔案之後，點擊「驗證」。

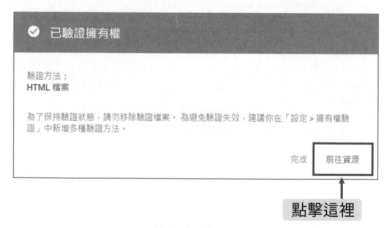

▲ 點擊「驗證」

5 出現驗證成功的視窗，點擊「前往資源」。

所上傳的檔案要持續保留在根目錄中，不可將其刪除。

▲ 點擊「前往資源」

6 點擊左欄菜單中的「安全性與專人介入處理」，再點擊「安全性問題」。

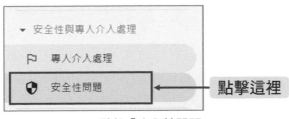

▲ 點擊「安全性問題」

7 若網站是安全的，會出現「未偵測到任何問題」的訊息。

如果 Google 在網站中找到任何被入侵的網頁、被植入惡意代碼的頁面，都會在這裡列出，並提供解決方法。

同時，若偵測到有任何惡意軟體的話，也會以郵件通知。

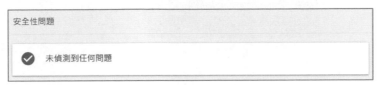

▲ 未偵測到任何問題

8 另外，到 Google 搜尋引擎中，輸入：「 site: 網址」指令，也可以查看所有被收錄的頁面。

透過這個方法，可以查看是否有人在網站中加入不該有的頁面或內容，要是看到不熟悉的頁面，或是非自己編寫的主題，就表示網站可能遭到入侵了。

▲ 輸入：「 site: 網址」指令

11-2 啟用 WordPress 遠端監控工具

ManageWP 是一個提供遠端安全監控、管理的服務，不限於單一站點，如果本身擁有多個網站，也可以一起管理。使用 ManageWP 監控，只要在 WordPress 安裝一個外掛程式進行串連就行了，可以減輕伺服器的負擔，另外，它也會掃描網站是否安全、是否有漏洞或被埋入惡意軟體。

1　在 WordPress 管理後台左欄選單中，點擊「外掛」，再點擊「安裝外掛」。

▲ 點擊「安裝外掛」

2　在搜尋欄中輸入關鍵字「ManageWP」，找到 ManageWP Worker 後，點擊「立即安裝」，安裝完畢再予以啟用。

▲ 點擊：「立即安裝」

3 至 ManageWP 首頁，輸入 EMAIL 和驗證碼，勾選同意條款，點擊「Sign up」，開始進行註冊。

ManageWP 網址：

https://managewp.com/

▲ 點擊「Sign up」

▲ ManageWP 網址 Qrcode

4 ——輸入名字和姓氏，並點擊「Next」。

❶ 輸入名字

❷ 點擊這裡

❸ 輸入姓氏

❹ 點擊這裡

▲ 點擊「Next」

5　此時先不用輸入任何的網址，因為需要至 ManageWP 的管理後台進行設定，才能將網址新增成功，所以需點擊「Skip to Dashboard」。

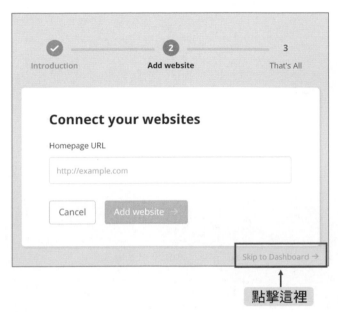

▲ 點擊「Skip to Dashboard」。

6　進入 ManageWP 的管理後台後，點擊「Add website」。

▲ 點擊「Add website」

7 輸入網站網址，再點擊「Add website」。

▲ 點擊「Add website」

8 點擊「Use connection key instead」超連結。

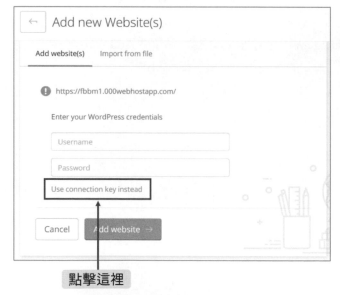

▲ 點擊「Use connection key instead」

9 回到 WordPress 管理後台，在左欄選單處點擊「外掛」，再點擊「已安裝的外掛」。

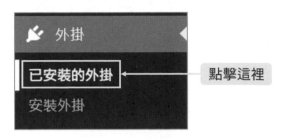

點擊這裡

▲ 點擊「已安裝的外掛」

10 找到 ManageWP-Worker 後，點擊「連線管理」超連結。

點擊這裡

▲ 點擊「連線管理」

11 將連線金鑰這一串序號複製起來。

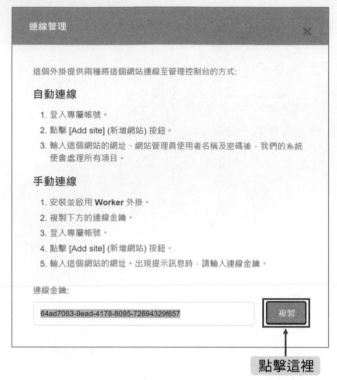

▲ 複製連線金鑰

12 再到 ManageWP 管理後台中,將連線金鑰貼入欄位中,並點擊「Add website」進行授權。

▲ 點擊「Add website」

13 授權成功後,點擊「Go to website dashboard」。

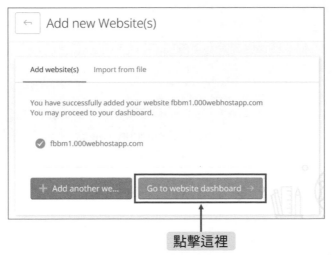

▲ 點擊「Go to website dashboard」

14 進入管理後台後，點擊左欄選單的「Security」。

▲ 點擊「Security」

15 點擊「Activate Security Check」，將安全功能啟用。

▲ 點擊「Activate Security Check」

16 一開始先進行試用，選擇「Free」版本，並點擊「Activate」。

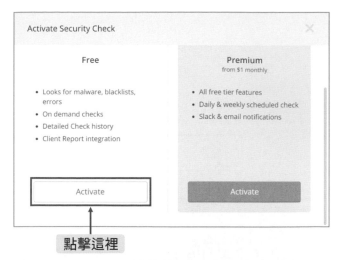

▲ 點擊「Activate」

17 啟用成功後，點擊「Close」，將視窗關閉。

▲ 點擊「Close」

18　點擊「Run security check」，開始進行網站安全性的檢查。

▲　點擊「Run security check」

19　安全檢查需要花費一點時間，必須耐心等待。

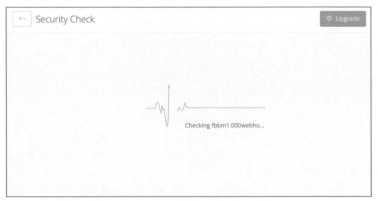

▲　進行安全檢查

20 掃描完畢後，就會顯示網站目前的安全狀態。

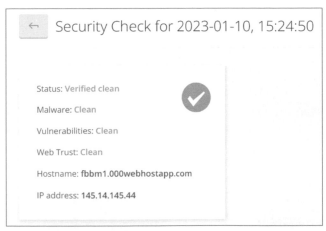

▲ 顯示安全狀態

21 點擊下方的標籤項目，像是「Vulnerabilities」，就是檢測目前網站有沒有安全性漏洞存在。

▲ 點擊「Vulnerabilities」

22 點擊「Web Trust」標籤，會顯示網域檢查結果，告知網站目前有沒有被埋入惡意軟體或被重定向、是否有垃圾郵件廣告。

▲ 點擊「Web Trust」

11-3 WordPress 漏洞與惡意軟體全面掃描

1 在 WordPress 管理後台中，點擊左欄選單的「外掛」，再點擊「安裝外掛」。

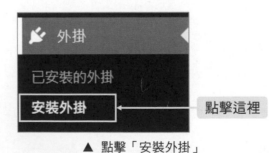

▲ 點擊「安裝外掛」

2　在搜尋欄中輸入關鍵字：Anti-Malware，找到「Anti-Malware Security and Brute-Force Firewall」外掛程式後，點擊「立即安裝」，安裝完畢後再予以啟用。

▲ 點擊「立即安裝」

3　在 WordPress 管理後台中，點選左欄選單的「Anti-Malware」。

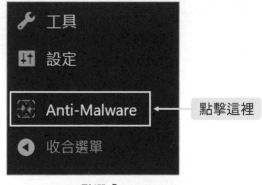

▲ 點選「Anti-Malware」

4 先點擊右欄區塊中的「Get FREE Key!」，註冊使用資格。

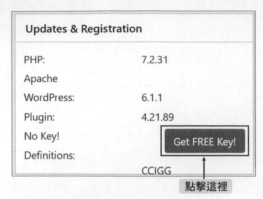

Updates & Registration

PHP:	7.2.31
Apache	
WordPress:	6.1.1
Plugin:	4.21.89
No Key!	Get FREE Key!
Definitions:	
	CCIGG

點擊這裡

▲ 點擊「Get FREE Key!」

5 不用輸入任何的文字，欄位會自動讀取資料，可以直接點擊「Register Now!」。

Updates & Registration

PHP:	7.2.31
Apache	
WordPress:	6.1.1
Plugin:	4.21.89
Key:	ed149b14b42b7393094ee743d7c28fff
Definitions:	CCIGG

Your Installation Key is not yet Registered!

Get instant access to definition updates.

If you have not already registered your Key then register now using the form below.
* All registration fields are required
** I will NOT share your information.

Your Full Name:

| AKIRA | LIN |

A password will be e-mailed to this address:

| accupass107@gmail.com |

Your WordPress Site URL:

| https://fbbm1.000webhostapp.com |

Plugin Installation Key:

| ed149b14b42b7393094ee743d7c28fff |

| Register Now! |

← 點擊這裡

▲ 點擊「Register Now!」

6 註冊成功，Anti-Malware 會不定時更新，有更新檔時，會出現「Download new definitions！」的按鈕，點擊後可下載最新的更新檔。

▲ 點擊「Download new definitions！」

7 更新完畢後，「Definitions」欄位會出現更新後的序號，並顯示「No New Definition Updates Available」已經沒有最新更新檔的字樣。

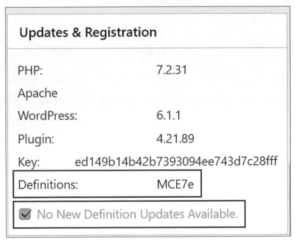

▲ 顯示序號與最新更新檔

8　在「What to look for:」項目中，可以檢查所有惡意威脅的類型，因此需全部勾選，如果有任何一個無法勾選的話，則代表要先下載最新更新檔案後，才能進行掃描。

▲　勾選「What to look for」項目

9　在「What to scan:」項目中，可以選擇要掃描整個根目錄，或是只針對 wp-content 或 plugins（外掛）兩個資料夾進行掃描。

根目錄名稱依伺服器設定而有所不同，通常會是「public_html」或「htdos」、「www」。

建議在設定檢測範圍時，可以針對整個根目錄進行掃描，若是根目錄的檔案權限沒有設置好的話，駭客會或是利用主題、外掛的權限授與來找到漏洞，進而在 WordPress 的根目錄裡插入一個存有惡意程式的資料夾或檔案。

而「Directory Scan Depth:」則是設定目錄掃描的深度，「-1」代表的是不限深度，「0」是完全跳過檔案掃描。

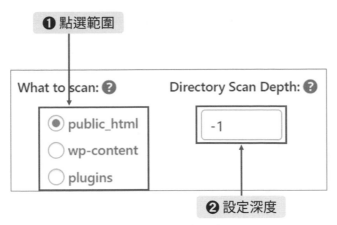

▲ 設定範圍與深度

10 接著，其他 2 個欄位的設置都保留空白，代表不跳過任何的檔案類型或目錄，進行深層的掃描。

都設置完成後，點擊「Save Settings」，儲存設定。

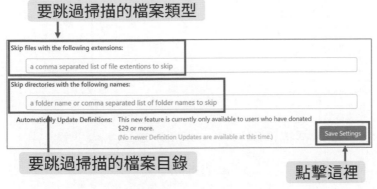

▲ 點擊「Save Settings」

11 最後，就可以點擊「Run Complete Scan」開始掃描了。

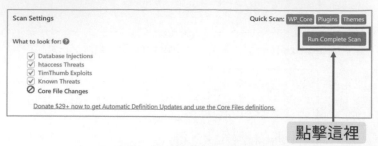

▲ 點擊「Run Complete Scan」

12 開始進行掃描後，需要花久一點的時間進行檢測。

檢測進行中，會顯示目前已發現有多少的惡意威脅，以及顯示掃描進度，已掃描多少檔案、資料夾，有多少檔案跳過掃描。

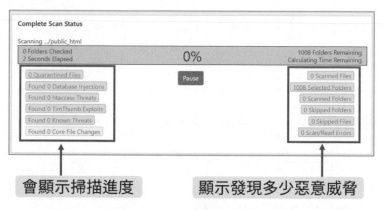

▲ 進行檢測中

⚡ 重點指引：

掃描完畢後，若發現有惡意威脅，可以進行自動修復檔案。

但要注意的是，要先將網站做好備份，因為自動修復會更改到檔案內容，有時也可能發生錯誤情形。

修復完畢後，可再進行一次完整的掃描，確保惡意威脅已經被清除掉了。

第 **12** 章

WordPress安全日誌：
監控安全事件，跟蹤網站安全

為什麼要監視 WordPress 的網站活動？

一、為什麼要監視 WordPress 網站活動？

如果有惡意用戶入侵網站，並在重要頁面執行可疑活動或更改時，這可能會損害網站，甚至因而失去自然流量和 Google 排名。

因此，監控網站活動可以幫助您識別可疑活動，例如：假帳號、垃圾郵件…等。

當然，大部分用戶都是可信任的，但是，用戶也會有犯錯的時候，如重複登入失敗、多次密碼重置，使用垃圾郵件註冊…，而這個錯誤也可能被識別為可疑活動。

如果知道是誰做錯了，是什麼做錯了，您可以快速解決它，並教導用戶如何避免再犯此錯誤。

二、該如何監視網站活動？

關於伺服器發生的任何修改、更動…等事件記錄，都會儲存在伺服器的安全日誌（log）檔案中。透過這些 log 檔案，就可以去監控網站的變動是否出現異常。

但是 WordPress 的預設值是沒有 log 紀錄的，必須再另外安裝外掛程式，才能追蹤用戶並記錄他們在網站上的一切行為，同時也輔助我們去分析、檢視這些日誌，而不用直接去判讀。

12-2 啟用 WordPress 監控審核日誌，鎖定跟蹤事件

1 在 WordPress 管理後台中，點擊左欄選單的「外掛」，再點擊「安裝外掛」。

點擊這裡

▲ 點擊「安裝外掛」

2 在搜尋欄中輸入關鍵字：Activity Log，找到「WP Activity Log」外掛程式後，點擊「立即安裝」，安裝完畢後再予以啟用。

❶ 輸入關鍵字

關鍵字 ∨　Activity Log

❷ 點擊這裡

立即安裝
更多詳細資料

WP Activity Log

使用者評選第一的活動記錄外掛。
透過這個易於使用的外掛，便能全方位記錄網站上發生的變更。

開發者: WP White Security

★★★★☆ (380)　　　　　　最後更新: 1 個月前
啟用安裝數: 100,000+　　✔ 相容於這個網站的 WordPress 版本

▲ 點擊「安裝外掛」

3　接著，點擊左欄選單的「WP Activity Log」。

▲ 點擊「WP Activity Log」

4　而後會跳出設定導覽，可以跟著導覽步驟，會簡單許多。
點擊「Yes」。

▲ 點擊「Yes」

5　點擊「Start Configuring the Plugin」，開始設定外掛。

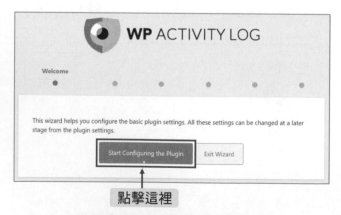

▲ 點擊「Start Configuring the Plugin」

6 選擇細節設定等級，選好之後，點擊「Next」再繼續。

- Basic：基本等級（我對細節不感興趣）。

- Geek：高手等級（我想知道 WordPress 上發生的一切）。

▲ 點擊「Next」

7 這裡詢問的是：您或您的用戶是否使用默認登入頁面以外的其他頁面（/wp-admin /）？

點選好之後，點擊「Next」再繼續。

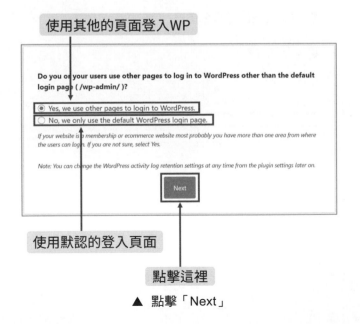

▲ 點擊「Next」

8　這裡詢問的是：訪問者可以在您的網站上註冊成用戶嗎？選擇好之後，點擊「Next」再繼續。

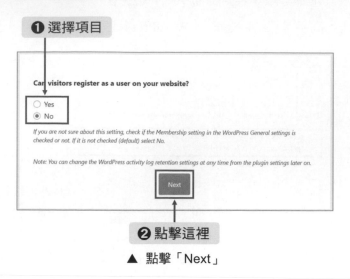

▲ 點擊「Next」

9　該頁面詢問的是：您希望保留多長時間的活動日誌？

保留的時間愈久，資料愈多，但對伺服器來說，負載就愈大，建議 6 個月即可。

選好之後，點擊「Next」再繼續。

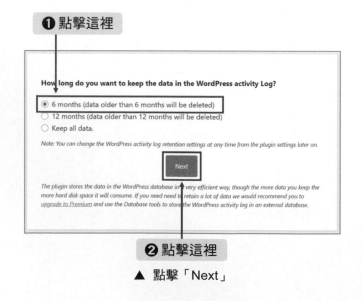

▲ 點擊「Next」

10 設定完畢後，再點擊「Finish」。

點擊這裡

▲ 點擊「Finish」

11 點擊左欄選單的「WP Activity Log」，再點擊「Enable/Disable Events」。

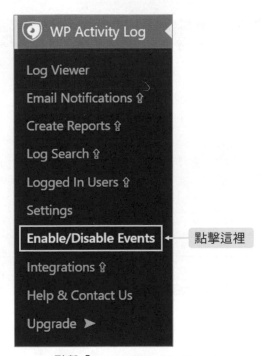

點擊這裡

▲ 點擊「Enable/Disable Events」

12 這是 WP Activity Log 所開啟的紀錄類型，可依照初級、高手、自訂幾個等級去檢閱與監控。

▲ 選擇等級

13 也可以依照事件代碼、嚴重程度、描述去查詢，或依照不同的類別去檢閱日誌。

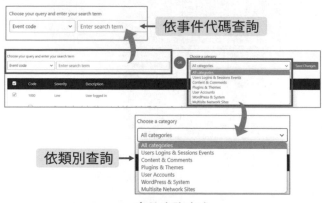

▲ 事件查詢方式

14 每一個 Log 紀錄都有對應的事件號碼、安全等級與相關描述。

有勾選的事件，就代表會啟用該事件跟蹤，沒有勾選的就是禁用，暫時不跟蹤。

▲ 勾選事件跟蹤項目

15 在外掛官網，列有事件列表可供參考：

https://wpactivitylog.com/support/kb/list-wordpress-activity-log-event-ids/

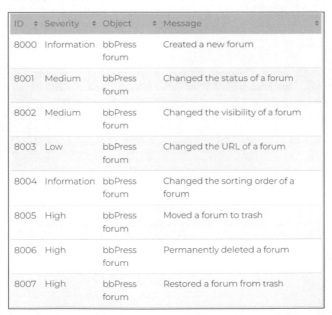

ID	Severity	Object	Message
8000	Information	bbPress forum	Created a new forum
8001	Medium	bbPress forum	Changed the status of a forum
8002	Medium	bbPress forum	Changed the visibility of a forum
8003	Low	bbPress forum	Changed the URL of a forum
8004	Information	bbPress forum	Changed the sorting order of a forum
8005	High	bbPress forum	Moved a forum to trash
8006	High	bbPress forum	Permanently deleted a forum
8007	High	bbPress forum	Restored a forum from trash

▲ Activity Log 官網的事件列表

▲ Activity Log 事件列表網址 QrCode

 重點指引：

要監控哪些事件？

即使是最簡單的 WordPress 網站，每天也有很多事情發生。但是這麼多事件，究竟要跟蹤哪些？監控哪些用戶行為？有 6 個事件類型是最關鍵的，也必須要密切注意的：

1.　內容變更

尤其是內容編輯、刪除的事件，都需特別注意，像是內容頁面中的某個部分可能被刪除。如果有一直在跟蹤網站上的內容更改，就可以確切地知道是誰進行了更改，以及是何時進行的。

訊息性的事件可以不用勾選，只跟蹤低、中、高、危急等安全等級的事件。

▲ 跟蹤低、中、高、危急等級事件

2.　新用戶和已刪除用戶

需要對網站的用戶保持某種程度的跟蹤。即使啟用了開放用戶註冊的功能，也需要知道誰擁有該使用者帳戶，所以如果有新用戶在網站上註冊，需要立即知道。尤其是如果你沒有啟用開放註冊的功能，則表示可能有駭客入侵的跡象，被刪除的用戶也是如此。

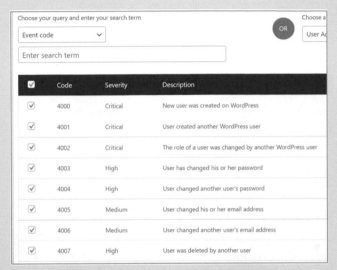

▲　跟蹤新用戶和已刪除用戶事件

3.　用戶個人資料的調整

在 WordPress 上看到相當頻繁的使用者詳細資訊更改並不罕見。但是，仍然需要注意一些事件活動，包括：密碼、電子郵件和顯示名稱更改。

對用戶來說，更改用戶資訊是正常的，更改密碼也是一樣，但是在短時間內進行頻繁的更改可能是不尋常的，這表示有問題存在。

也需注意用戶角色的更改，大多數用戶無法編輯其他人的帳戶。而且，只有管理員才能更改用戶角色。但是，作為管理員，在不知情的情況下，用戶角色被更改了，這一定大有問題。

如果您的網站上有開放訪客註冊，就更需要去注意新帳戶的異常活動級別，這可能表明該帳戶的所有者不是合法用戶。

4.　嘗試登入失敗

大多數用戶有時候會忘記密碼，但也有駭客會嘗試暴力攻擊，所以如果透過活動日誌跟蹤失敗的登入紀錄，就可以知道嘗試了多少次，嘗試的時間和來源。這可以幫助你跟蹤來源，並找出到底是駭客企圖攻擊，或僅僅是用戶忘了密碼。

▲　跟蹤嘗試登入失敗事件

5.　對佈景主題或外掛的更改

因為只有被賦予權限的用戶才可以執行某些操作。例如，只有管理員才能安裝、刪除或更新外掛程式和主題。

但如果其他人對外掛程式和主題進行了更改，則代表可能有惡意用戶正在執行這些操作（例如，他們試圖在網站上安裝自己的東西），或者是被批准的用戶的權限級別過高，需要更改其權限。

▲ 跟蹤佈景主題或外掛的更改事件

6.　WordPress 核心設置的更改

網站的核心設置是管理員才有的權限，因此，絕對需要立即知道其他人是否更改了網站的這些設置。如果是非管理員更改的，這代表網站受到了攻擊，或者某人擁有的許可權超出了他們的需要。

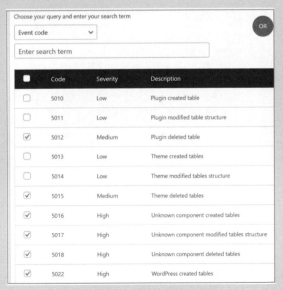

▲ 跟蹤核心設置的更改事件

16 點擊左欄選單的「WP Activity Log」，再點擊「Log Viewer」。

▲ 點擊「Log Viewer」

17 這是 WP Activity Log 的各種用戶記錄，包括日期、用戶名、IP…等。

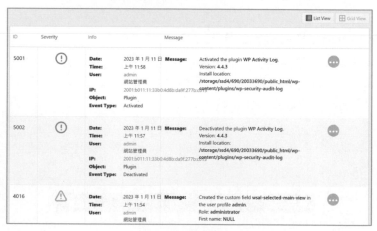

▲ 用戶記錄

18 點擊項目，可以進行排序，例如依照危險等級排序。

▲ 點擊危險等級項目

19 或是要觀察特定用戶的操作行為，也可以點擊「User」，進行用戶排序。

如果發現該用戶操作行為多屬於危險等級，則可進行處置或警告。

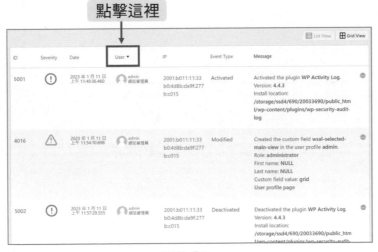

▲ 點擊「User」

20 點擊左欄選單的「控制台」，再點擊「首頁」。

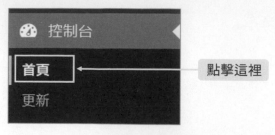

▲ 點擊「首頁」

21 在控制台首頁，會顯示最近發生的五個操作動作，包括用戶是誰，進行了什麼動作，以供管理員能快速瀏覽。

User	Object	Event Type	Description
admin	plugin	updated	Updated the plugin **WPForms Lite**.
admin	plugin	activated	Activated the plugin **WP Activity Log**.
admin	plugin	deactivated	Deactivated the plugin **WP Activity Log**.
admin	user	modified	Created the custom field **wsal-selected-main-view** in the user profile **admin**.
admin	plugin	activated	Activated the plugin **WP Activity Log**.

Latest Events | WP Activity Log

↑ 顯示最近的操作動作

▲ 顯示最近發生的操作動作

第 **13** 章

防禦XSS攻擊：

加入 HTTP Headers，
主動防範跨站腳本攻擊

HTTP Headers跟網路安全有什麼關係？

一、什麼是 HTTP Headers ？

當用戶進到網站時，用戶所使用的瀏覽器會把請求訊息發送到 Web 伺服器，以從中獲取回應資訊。

例如用戶打開網站 www.abc.com.tw 時，Web 伺服器不僅會傳送網站內容，而且還會向用戶發送 HTTP Headers 訊息。

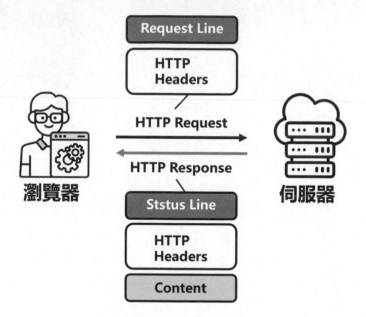

▲ HTTP Headers 是 HTTP 請求和回應訊息中的核心部分

二、HTTP Headers 跟網路安全有什麼關係？

目前眾多瀏覽器，如：Chrome、火狐狸、Safari、Microsoft Edge 等，已經支援很多與網路安全有關的 HTTP Headers。

因此如果在設定伺服器時，也能加入部分的 Headers，那麼瀏覽器在收到回應訊息時，就會啟動相應的防禦機制，這樣就能提升網頁的基本安全性。

而與資安相關 HTTP Headers 技術，像是 Google、Facebook、YouTube、Yahoo…等社群或網站，也早已經採用並加入。

以 Facebook 為例，查看 Facebook 所加入的 Headers 有哪些，可作為參考：

1 打開 Chrome 瀏覽器，點擊「更多」按鈕，選擇「更多工具」，再選擇「開發人員工具」。

▲ 選擇「開發人員工具」

2 點擊「Network」，邊滾動網頁時，視窗中就會出現 Facebok 所回應的各個項目的內容。

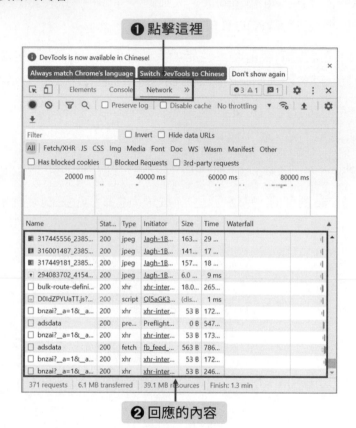

▲ 點擊「Network」

3 雙擊其中一項，如「home.php」，在「Headers」地方，就會出現許多回應訊息，其中像是「Content-Security-Policy」，就是與網路安全相關的 Headers。

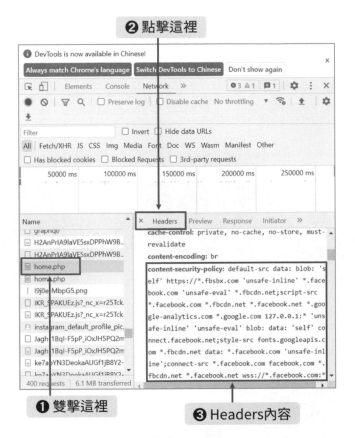

▲ Headers 內容

13-2 如何檢測 Headers 的安全等級，以及提升安全性？

一、檢測 Headers 的安全等級

1 到 Security Headers，輸入網址，點擊「Scan」，檢測 Headers 安全等級。

網址：https://securityHeaders.com/

▲ 點擊「Scan」

▲ Security Headers 網址 Qrcode

2　結果報告會顯現危險等級評定，不管是橘色或紅色警戒，代表的都是網站缺乏安全性標頭，必須配置安全的防禦指令，提升安全性預防措施，避免跨站點腳本 (XSS)、點擊劫持攻擊，和其他常見攻擊手法。

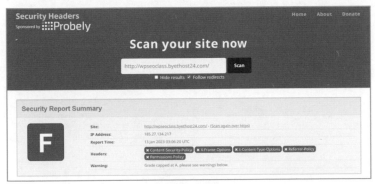

▲ 顯現危險等級評定

3　進入 WordPress 管理後台中，點擊「外掛」，再點擊「安裝外掛」。

▲ 點擊「安裝外掛」

4 在關鍵字欄位中輸入「Headers」，找到「Headers Security Advanced & HSTS WP」外掛程式後，點擊「立即安裝」，並予以啟用。

▲ 點擊「立即安裝」

「Headers Security Advanced & HSTS WP」啟用之後，不需要做任何設定，它會針對目前瀏覽器的漏洞，做最佳的預測與設定，對於完全不懂任何程式的管理員來或新手來說，可說是相當地方便與簡單。

二、清除 cache，再進行檢測

1 在 WordPress 管理後台中，點擊左欄選單的「外掛」，再點擊「安裝外掛」。

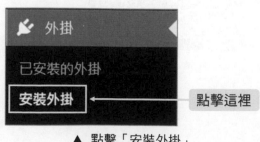

▲ 點擊「安裝外掛」

2 在關鍵字欄位中輸入「Cache」，找到「WP Fastest Cache」外掛程式後，點擊「立即安裝」，並予以啟用。

▲ 點擊「立即安裝」

3 點擊左欄選單的「WP Fastest Cache」。

▲ 點擊「WP Fastest Cache」

4 點擊「刪除快取」標籤，再點擊「清除全部快取」。

▲ 點擊「清除全部快取」

5 再次到 Security Headers，輸入網址，檢測 Headers 安全等級，可以通過評測，已經提升安全性，並加入許多與網路安全有關的 HTTP Headers 了。

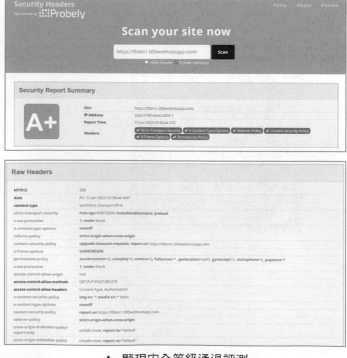

▲ 顯現安全等級通過評測

第 **14** 章

建立安全備份計畫：

WordPress 資料備份，
完整還原和保護資料

14-1 如何擬定完善的網站備份計畫？

網站需要多久備份一次？

- 需要考量網站的資料更新頻率。

- 資料更新頻繁的網站，需提高備份頻率，可一天備份多次。

- 大部分網站一天只需備份一次。

- 久久未更新的網站，也可三天備份一次，或一個星期備份一次。

- 盡量利用網路或伺服器離峰時間進行備份。

⚡ 重點指引：

一般較常使用且有效的作法，就是採用「3-2-1 備份方式」。

3：至少要有 3 份備份。

2：至少分別儲存在 2 種不同的儲存硬碟 / 媒體，如：1 份儲存在內部硬碟，1
　　份儲存在外接硬碟。

1：至少要有 1 份儲存在異地，像是儲存在雲端硬碟中。

使用「3-2-1 備份方式」的好處，就是可以避免因天災或一時的人為疏失而造
成的資料毀損。

但若是擁有多個網站，那麼就需要制訂一份網站備份計畫，詳細列好每
週、每個網站的備份時間，並錯開時間，避免同一時間備份會讓伺服器無法
負荷。

網站備份計畫

	一	二	三	四	五	六	日
網站A	1:00 AM	1:00 AM	1:00 AM	1:00 AM	1:00 AM	1:00 AM	1:00 AM
網站B		2:00 AM			2:00 AM		
網站C	3:00 AM	3:00 AM	3:00 AM	3:00 AM	3:00 AM	3:00 AM	3:00 AM
網站D			4:00 AM			4:00 AM	
網站E				5:00 AM			5:00 AM

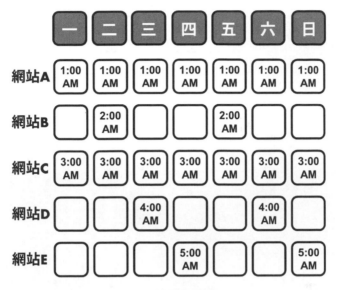

▲ 網站備份計畫

14-2 啟用檔案與資料庫自動備份解決方案

1 進入 WordPress 管理後台中，點擊「外掛」，再點擊「安裝外掛」。

點擊這裡

▲ 點擊「安裝外掛」

2 在關鍵字欄位中輸入「UpdraftPlus」，找到「UpdraftPlus WordPress Backup Plugin」外掛程式後，點擊「立即安裝」，並予以啟用。

❶ 輸入關鍵字

關鍵字 ∨　UpdraftPlus

❷ 點擊這裡

UpdraftPlus WordPress Backup Plugin

立即安裝
更多詳細資料

Updraft Plus 外掛讓網站的備份及還原變得簡單。這個外掛無論是使用手動或排程，都能完整備份整個網站，並且能備份至 Dropbox、S3、Google 雲端硬碟、Rackspace、FTP、SFTP、電子郵件附件及其他方式。

開發者：UpdraftPlus.Com, DavidAnderson

★★★★★ (6,650)
啟用安裝數：3 百萬以上

最後更新：4 週前
✓ 相容於這個網站的 WordPress 版本

▲ 點擊「立即安裝」

3 啟用後會彈跳出視窗，點擊「Press here to start!」。

UpdraftPlus settings　ⓧ

Welcome to UpdraftPlus, the world's most trusted backup plugin!

Press here to start!

點擊這裡

▲ 點擊「Press here to start!」

4 畫面會進入 UpdraftPlus 備份的設定頁面中，若日後還要再進入設定頁面，可以點擊左欄選單的「設定」，再點擊「UpdraftPlus 備份」。

▲ 點擊「UpdraftPlus 備份」

5 點擊「設定」標籤，進行檔案和資料庫的備份排程設定，如每天自動備份一次。

另外，在「保留排程備份數量」中，設定要保留幾次的備份，例如輸入數值 3，就代表會保留前 3 次的備份檔案。

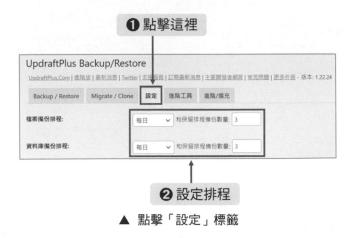

▲ 點擊「設定」標籤

6　選擇要將備份檔案儲存在哪個雲端。除了要有一份本地備份以外，還要有一份異地備份，是比較保險的作法。因為若是只將備份檔案存放在伺服器的話，萬一遭到駭客攻擊或入侵，而有任何損毀時，備份檔案也會一同被毀掉，而將備份檔案儲存在雲端，就可以降低風險的存在。

▲ 選擇雲端儲存位置

7　以儲存在 Google 雲端硬碟為例，這裡先不要點擊驗證按鈕，而是先選定好「Google Drive」，等到全都設定完畢，點擊「儲存變更」後，再來進行驗證。

▲ 點擊「Google Drive」

8 勾選要備份的檔案資料夾，一般來說，全部都要勾選。

勾選起來

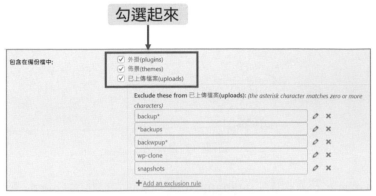

▲ 勾選要備份的資料夾

9 點擊「顯示進階設定」，設定檔案分割大小，如一個檔案是以每 400MB 分割。

因為有的虛擬伺服器會限定每個檔案不能超過限額（如檔案大小不能超過 2G），因此將檔案分割，一方面可以符合虛擬伺服器的要求，一方面在還原時，可以降低伺服器負載，也比較不會造成還原失敗的情況。

❶ 點擊這裡

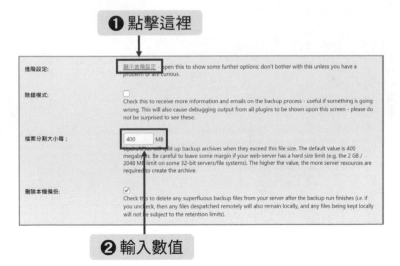

❷ 輸入數值

▲ 點擊「顯示進階設定」

10 點擊「儲存變更」。

點擊這裡

▲ 點擊「儲存變更」

11 點擊 Google 登入按鈕「Sign in with Google」，進行 Google 驗證。

點擊這裡

▲ 點擊「Sign in with Google」

12 選擇所要進入的 Google 帳戶。

選擇帳戶

▲ 選擇 Google 帳戶

13 再點擊「允許」，予以授權。

點擊這裡

▲ 點擊「允許」

14 通過驗證，設定完成，點擊「Complete setup」。

點擊這裡

▲ 點擊「Complete setup」

15 回到 UpdraftPlus 設定畫面，可以點擊「立即備份」，先做第一次的備份。
之後，UpdraftPlus 每天都會在不定點的時間內自動備份一次（進階版可指定時間）。

點擊這裡

▲ 點擊「立即備份」

16 確認所要備份的項目，預設值包含資料庫和前台檔案、以及遠端儲存備份，確認完畢後，點擊「立即備份」。

將此備份發送到遠程存儲

將您的文件包含在備份中

在備份中包含您的資料庫

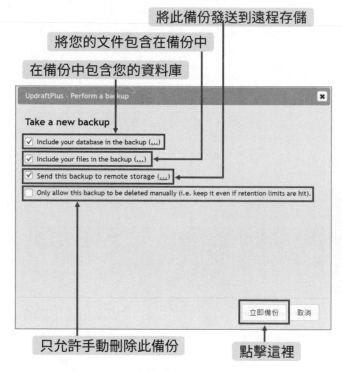

只允許手動刪除此備份　　　點擊這裡

▲ 點擊「立即備份」

⚡ 重點指引：

點擊「…」，也可以指定要備份哪些資料夾。

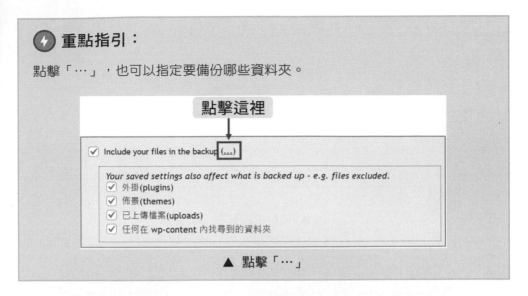

▲ 點擊「…」

17 備份進行中，需要等待一些時間。待備份完成後，則會顯示備份完成的時間。

▲ 備份進行中

▲ 備份完成

18 在「Existing backups」中，會顯示目前所有完成備份的檔案列表，以及各個時間點。

▲ 備份資料列表

19 至 Google 雲端硬碟中，也會儲存所有的備份檔案。

▲ 儲存於 Google 雲端的備份

⚡ **重點指引：**

建議再買一個大容量的行動硬碟，將檔案下載下來。

一般來說，可以在雲端儲存一份，行動硬碟（或其他儲存媒體）再儲存一份，以防檔案損毀或其他意外發生。

14-3 如何使用備份檔案快速還原 WordPress 網站？

一、伺服器能正常運作時的還原法

1 如果只是要還原某個時間點的檔案，可以直接在 UpdraftPlus 的備份列表中，選擇要還原哪個時間點的備份後，再點擊「還原」。

▲ 點擊「還原」

2 勾選要還原哪些資料夾的檔案或資料庫，再點擊「Next」。

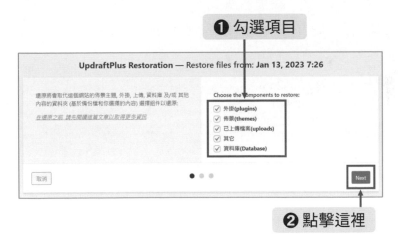

▲ 點擊「Next」

3 下載備份檔案中，請保持畫面靜止，不要重新整理，也不要點擊「Next」。

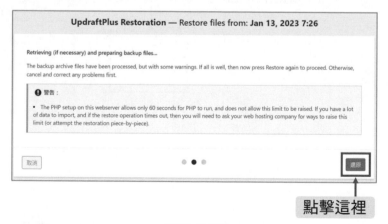

▲ 下載備份檔案中

4 點擊「還原」。

若是出現伺服器限制的警告，代表該伺服器上的 PHP 設置僅允許運行 PHP 最大的限制為 30 秒，且不允許提高限制。如果要導入大量資料，並且還原操作超時，那麼要向 Web 託管商詢問提高限制的方法。

或是採用另一個方法，也就是將各個資料夾分批次還原，而不要一次全部勾選。

點擊這裡

▲ 點擊「還原」

5 呈現還原狀態中，一樣請保持畫面靜止，不要重新整理頁面。

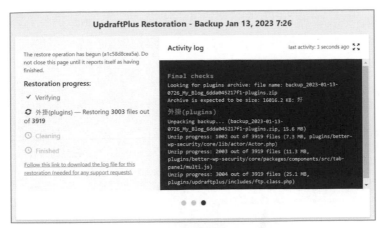

▲ 進行還原中

6 還原完成後，點擊「Return to UpdraftPlus configuration」，返回設定頁面。

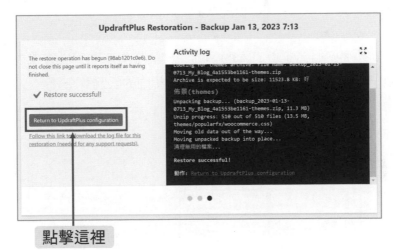

點擊這裡

▲ 點擊「Return to UpdraftPlus configuration」

二、網站未能正常運作時的還原法

1 如果是網站遭到嚴重攻擊，檔案大量損毀，甚至無法進到管理後台時，就需要先進行 WordPress 的重新安裝。

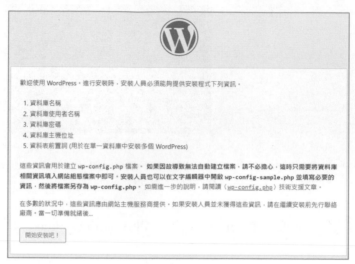

▲ 重新安裝 WordPress

2 安裝時，先暫時設定與原本的網站一樣的資料庫名稱、資料表前置詞、以及 WordPress 後台管理員，也要設定相同的帳號與密碼。

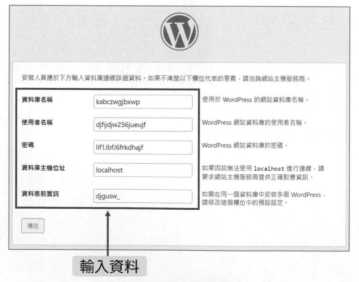

輸入資料

▲ 輸入資料庫連線資料

3 WordPress 安裝完畢後，再到安裝外掛中，重新安裝「UpdraftPlus WordPress Backup Plugin」。

▲ 安裝「UpdraftPlus WordPress Backup Plugin」

4 點擊左欄選單的「設定」，再點擊「UpdraftPlus 備份」。

▲ 點擊「UpdraftPlus 備份」

5 按照先前的步驟，點擊「設定」標籤，重新做一次設定，並將 Google
Drive 雲端硬碟連接好，通過驗證。

▲ 點擊「設定」標籤

▲ 進行 Google Drive 串連

6 點擊「Backup/Restore」標籤，在備份列表中，點擊「重新掃描遠端儲
存空間」。

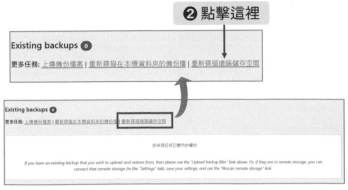

▲ 點擊「重新掃描遠端儲存空間」

7 出現所有已存在的備份資料，選擇要還原的時間點的備份，點擊「還原」。

▲ 點擊「還原」

8 與先前的步驟一樣，勾選想要恢復的資料夾來進行還原。

▲ 勾選資料夾

9 從雲端硬碟下載檔案中，需要耐心等待一段時間。

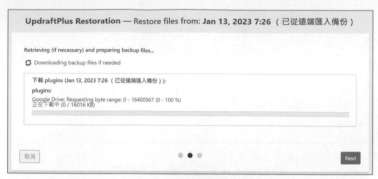

▲ 下載檔案中

10 若出現警告提示，代表伺服器有所限制，必須縮小還原範圍，或是分批勾選資料夾來還原，而不要全部勾選。

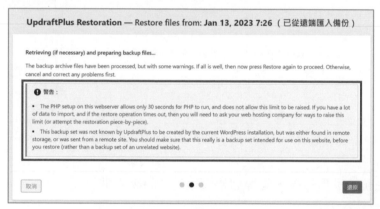

▲ 警告提示

11 在還原的過程中，如果出現了錯誤情形，而無法正確還原的話，請注意右邊窗格的錯誤訊息。

要記住是哪個資料夾出錯，而後要再執行一次重新還原。

▲ 還原時出現錯誤情形

12 回到「UpdraftPlus」的設定頁面中，點擊「刪除舊有資料夾」。

點擊這裡

▲ 點擊「刪除舊有資料夾」

13 舊資料夾已成功移除，點擊「Return to UpdraftPlus configuration」，回到設定頁面中。

點擊這裡

▲ 點擊「Return to UpdraftPlus configuration」

14 點擊「還原」，重新再進行一次還原。

▲ 點擊「還原」

15 選擇剛剛還原失敗的資料夾，點擊「Next」。

▲ 點擊「Next」

16 這樣就能還原成功了。

▲ 還原成功

17 回到「UpdraftPlus 備份」的「Backup/Restore」標籤中，再刪除一次舊有資料夾。

點擊這裡

▲ 點擊「刪除舊有資料夾」

附錄

WordPress
網站安全與防駭客入侵
企業班

 課程緣起

我的 WordPress 網站被駭客攻擊了！怎麼辦？

　　如果你架了一個 WordPress 網站，經營一家電子商務商店，卻沒有採取任何保護 WordPress 網站的措施，那麼就容易成為駭客攻擊的對象，其結果不但會損害自身的營收，駭客還會竊取你的用戶資料、破壞搜尋引擎排名、注入惡意軟體，進而損害你的品牌信譽，並使你失去客戶的信任。

WordPress 如果沒有安全的防護，再強的功能都沒用

　　當網站的流量起來了，很容易變成駭客攻擊的目標，或是網站運營一段時間，有了自己的用戶群，也可能影響到同行的利益而被攻擊，導致一系列的損失發生。因此如何提升 WordPress 網站的安全性，就成了重要的課題。

全方位的防護才是網站最堅強的後盾

透過這門課，您將可以學習到，如何強化 WordPress 的 Web 安全基礎、安全體系配置、以及使用安全防護工具，鞏固網站的安全性，保障顧客的隱私，建立**顧客**對**品牌**和產品的**信任度**。

透過這門課，您更可以學習到，WordPress 網站的各項安全工具和設置，防禦駭客的入侵，保護客戶資料，並帶動 SEO 的排名。透過 WordPress 網站安全性的全方位鞏固，提升**品牌**的能見度、顧客的**信任**感，增加接觸潛在客戶的機會。

 # 課程大綱

WordPress安全基礎知識
01 為什麼你需要注意WordPress的安全性？
02 僅安裝下載自其官方網站的外掛程式、主題
03 不要修改 WordPress 的內核代碼

保持WordPress更新，包括核心、外掛與佈景主題
01 保持使用最新版本的 WordPress
02 移除所有未啟用的外掛程式
03 隱藏WordPress版本

選擇安全可靠的 WordPress 主機服務商
01 選擇安全性著稱的主機解決方案
02 確保你的網站運行在最新版的 PHP 版本上
03 使用SSL / HTTPS

確保本機電腦安全

01 要安裝哪些防毒軟體？

02 只在可信任網路中更新你的網站

03 始終使用安全連接，使用SFTP用戶端

保護WordPress登錄頁面來防止暴力攻擊

01 使用高強度密碼和限定用戶權限

02 限制登錄可以嘗試的次數或修改登錄網址

03 啟用雙重登入驗證功能

管理檔案目錄來保護WordPress網站

01 確保檔案權限設置正確

02 仔細設置目錄權限

03 保護配置文件

禁用功能與權限來確保WordPress安全

01 禁用主題和外掛程式編輯功能

02 防止熱鏈接

03 某些WordPress目錄下禁用PHP

透過保護資料庫來保護WordPress網站

01 為資料庫設定強密碼

02 修改預設的資料表前綴

03 限制資料庫使用者的權限

使用安全防護外掛程式來保護WordPress 網站

01 如何選擇安全防護外掛程式

02 安全防護主流功能

03 網站安全防護外掛程式配置

WordPress安全防火牆

01	WordPress安全管理和防火牆
02	基本的安全防護措施
03	設定防火牆規則

WordPress遠端安全監控

01	使用監控網站安全服務
02	WordPress監控工具
03	掃描WordPress的惡意軟件和漏洞攻擊

通過安全日誌監視WordPress網站安全

01	監控WordPress網站活動
02	外掛程式跟蹤日誌
03	監控審核日誌

防止XSS，MITM等攻擊，設置http headers

01	http headers與社群、網站
02	http headers外掛程式典型配置
03	清除cache，進行檢測

WordPress備份解決方案

01	制定網站的備份計畫
02	檔案與資料庫自動備份
03	使用備份檔案恢復網站

※ 課程執行單位保留調整課程內容師之權利

課程時數

- 共 21 小時

 適合對象

- WordPress 架站者：
  學習搭建 WordPress 網站的前期、中期、後期安全性原則

- 網站管理人員：
  學習 WordPress 安全問題，以及如果出現安全問題應如何補救

- 網站安全工程師：
  學習 WordPress 安全佈署與備份機制

- 對網路安全有需求者：
  學習 WordPress 安全相關問題與知識

- 想自己出來架站者：
  學習 WordPress 系統自檢與防禦措施

 課程目標

【短期】
透過課程，瞭解 WordPress 需要考慮的安全問題，以及具備的安全要素。

【中期】
透過課程，學習 WordPress 的安全技術和設定的步驟。

【長期】
透過課程，學習制定 WordPress 的安全策略，並進行了連續的安全檢查後，
確保 WordPress 網站的安全。

課程特色

- 快速掌握，由淺入深
  理解 WordPress 網站攻擊的危害性與常見攻擊方式、基礎安全知識。

- 內容豐富，學習全面
  漏洞掃描、Web 安全、伺服器安全…等多方面的內容。

- 項目實戰，學練結合
  課程配套 WordPress 安全工具設置、防禦措施，從實作中學習。

 # 上課地點

- 實體課程地點：
  資展國際股份有限公司

  A 棟：台北市復興南路一段 390 號 2、3 樓

  B 棟：台北市信義路三段 153 號 10 樓

  ※ 上課地點與教室之確認，以上課通知函為主。

本課程可依照企業需求選擇企業內訓。

 # 課程優惠

- 購買本書之讀者，可享獨家早鳥優惠價，優惠代碼「wpsecurity548」。
- 團報優惠：二人團報可打 95 折、四人團報可打 9 折優惠。
- 團報優惠與獨家早鳥優惠可一併使用。

 # 課程諮詢

資展國際股份有限公司（原資策會）

(02)6631-6568 陳先生、E-mail：kc@ispan.com.tw

WordPress
網站安全與防駭客入侵
校園班

課程目標　Learning Objectives

建立學生學習如何有效確保 WordPress 網站的安全，課程涵蓋了：基礎安全知識、密碼破解防護、系統漏洞防護、木馬病毒防護、伺服器安全、web 安全、資料庫安全、防火牆、防護工具等等的實戰內容。

學生將可以學習到：

1. 瞭解 WordPress 需要考慮的安全問題，以及具備的安全要素。
2. 學習 WordPress 的安全技術和設定的步驟。
3. 學習制定 WordPress 的安全策略，並進行連續的安全檢查後，確保 WordPress 網站的安全。

課程大綱　Course Syllabus

週次	課程單元大綱
1	WordPress 安全基礎知識：解決資安問題，強化 WordPress 防護
2	WordPress 更新和漏洞修復：確保網站始終更新並安全運行
3	主機與伺服器安全：選擇安全主機服務商，保護 WordPress 環境
4	優化本機安全：避免 WordPress 網站的敏感資料被竊取
5	WordPress 暴力攻擊防護：創建安全的密碼與雙重驗證
6	檔案保護配置：WordPress 檔案權限設置，降低安全威脅

7	限制功能與權限：部分功能禁止運行，確保 WordPress 安全
8	資料庫強化：防止 SQL 注入攻擊，保護敏感數據
9	安全防護工具：使用 WordPress 安全配置外掛 初階
10	安全防護工具：使用 WordPress 安全配置外掛 進階
11	建立防禦系統：配置 WordPres 防火牆 初階
12	建立防禦系統：配置 WordPres 防火牆 進階
13	WordPress 安全監控：即時監測網站安全與處理
14	WordPress 安全日誌：監控安全事件，跟蹤網站安全
15	防禦 XSS 攻擊：加入 HTTP Headers，主動防範跨站腳本攻擊
16	建立安全備份計畫：WordPress 資料備份，完整還原和保護資料
17	專題研究
18	專題研究

課程對應能力指標程度

編號	核心能力	符合程度
1	具專業知識能力	5
2	具問題分析與解決能力	5
3	具協調與行銷能力	5
4	具實務處理與應變能力	5
5	具職場就業力	5

教科書或參考用書

教科書類

林建睿 (2023)，駭客入侵免驚，不是高手也會的 WordPress 資安防禦大全，深智數位出版。

閱讀類

林建睿 (2023)，流量爆衝！ WP x FB x Google x SEO 最強架站與數位行銷整合攻略，深智數位出版。

教學方法　Teaching Method

教學方法 Teaching Method	百分比 Percentage
講述	30 %
實作	70 %
報告與討論	10 %
總和 (Total)	100 %

課程諮詢：資展國際股份有限公司（原資策會）(02)6631-6568 陳先生、
E-mail：kc@ispan.com.tw

教材諮詢：(02)27327925 深智數位出版社